Paulo Roberto Barsano

Ética Profissional

1ª Edição

érica | Saraiva

DADOS INTERNACIONAIS DE CATALOGAÇÃO NA PUBLICAÇÃO (CIP)
CÂMARA BRASILEIRA DO LIVRO, SP, BRASIL

Barsano, Paulo Roberto
Ética profissional / Paulo Roberto Barsano. – 1. ed. – São Paulo : Érica, 2014.

Bibliografia
ISBN 978-85-365-0795-8

1. Comunicação em organização 2. Ética profissional I. Título.

14-03960 CDD-174

Índices para catálogo sistemático:
1. Ética profissional 174

SOMOS EDUCAÇÃO | Editora Saraiva

Av. das Nações Unidas, 7221, 1º Andar, Setor B
Pinheiros – São Paulo – SP – CEP: 05425-902

SAC 0800-0117875
De 2ª a 6ª, das 8h00 às 18h00
www.editorasaraiva.com.br/contato

1ª edição
3ª tiragem: 2017

Vice-presidente Claudio Lensing
Gestora do ensino técnico Alini Dal Magro
Coordenadora editorial Rosiane Ap. Marinho Botelho
Editora de aquisições Rosana Ap. Alves dos Santos
Assistente de aquisições Mônica Gonçalves Dias
Editoras Márcia da Cruz Nóboa Leme
Silvia Campos Ferreira
Assistentes editoriais Paula Hercy Cardoso Craveiro
Raquel F. Abranches
Rodrigo Novaes de Almeida
Editor de arte Kleber de Messas
Assistentes de produção Fabio Augusto Ramos
Katia Regina
Produção gráfica Sergio Luiz P. Lopes

Preparação e Revisão Beatriz M. Carneiro
Ilustrações Diego Carrerag
Capa Ione Franco
Impressão e acabamento São Francisco Gráfica e Editora

CL 640710 CAE 572477

Agradecimentos

A Deus, por me proporcionar uma emocionante história de sucesso, marcada por oportunidades, renúncias e conquistas;

À minha mãe Maria Barsano, mulher de fibra, exemplo de vida, por tanta garra e perseverança na educação dos seus três filhos;

Ao meu pai Paulo Barsano (*in memoriam*), homem simples, de caráter muito nobre, inspiração ética que culminou com o início desta obra;

À minha filha Sofia Barsano, por sua alegria, carinho e amor, por sua pureza inexplicável como o nascer do Sol, inspiração espiritual para concretizar esta obra;

À Suerlane Soares, moça bonita, simplicidade que conquista, por tanto apoio e confiança na realização desta obra.

Aos leitores deste mundão afora, que, pela confiança depositada nesta obra, ajudam-me a cravar no peito a esperança de uma vida melhor, mais justa e mais humana.

Ao professor Francisco Rodrigues Sousa, amigo do peito e parceiro para todas as horas.

A todos vocês o meu eterno agradecimento!

Sobre o autor

Paulo Roberto Barsano possui licenciatura em Matemática com Ênfase em Informática pela UNIP, e em Tecnologia de Segurança do Trabalho pela UNISA.

Professor titular de Segurança do Trabalho do Instituto Técnico de Barueri, aprovado pelo concurso público FIEB 01/2008, em primeiro lugar. É credenciado como instrutor dos cursos de Administração Pessoal na Prática e Legislação e Rescisões Trabalhistas do SEBRAE-SP. Tutor da Escola Superior de Administração Fazendária (ESAF) nos cursos a distância de Disseminadores de Educação Fiscal e Cidadania.

Atuou como auditor interno das normas ISO 9001 e SA 8000 no Poder Legislativo de Barueri por quase três anos.

Autor de uma série de livros didáticos, incluindo as obras: *Segurança do Trabalho - Guia Prático e Didático*; *Meio Ambiente - Guia Prático e Didático; Administração - Guia Prático e Didático*; *Equipamentos de Segurança*; *Controle de Riscos - Prevenção de acidentes no ambiente ocupacional*; *Gestão Ambiental*; *Poluição Ambiental e Saúde Pública*; *Biossegurança - Ações fundamentais para promoção da saúde*; *Saúde da Criança e do Adolescente*; *Evolução e Envelhecimento Humano*; *Tributação e Legislação Logística*; *Biologia Ambiental*; *Legislação Ambiental*; *Higiene e Segurança do Trabalho*; *Legislação Aplicada à Segurança do Trabalho*; *Proteção e Prevenção de Perdas*; e *Segurança do Trabalho para Concursos Públicos*, pela Editora Saraiva.

Especialista em Segurança do Trabalho e Meio Ambiente, inova os conceitos relacionados ao tema Ética Profissional apresentados nesta obra.

Abreviaturas

ABNT: Associação Brasileira de Normas Técnicas

AFT: Auditor Fiscal do Trabalho

AIA: Avaliação dos Impactos Ambientais

APR: Análise Preliminar de Riscos

ART: Anotação de Responsabilidade Técnica

ASO: Atestado de Saúde Ocupacional

BTN: Bônus do Tesouro Nacional

CAT: Comunicação de Acidente de Trabalho

CHA: Conhecimentos, Habilidades e Atitudes

CIPA: Comissão Interna de Prevenção de Acidentes

CLT: Consolidação das Leis Trabalho

CNAE: Código Nacional de Atividade Econômica

CNI: Confederação Nacional da Indústria

CNPJ: Cadastro Nacional de Pessoa Jurídica

CPF: Cadastro de Pessoas Físicas

DDS: Diálogo Diário de Segurança

DORT: Distúrbios Osteomusculares Relacionados ao Trabalho

DOU: Diário Oficial da União

DSST: Departamento de Segurança e Saúde no Trabalho

EIA: Estudo de Impacto Ambiental

EPC: Equipamento de Proteção Coletiva

EPI: Equipamento de Proteção Individual

ETE: Estação de Tratamento de Efluente

FAP: Fator Acidentário de Prevenção

IBAMA: Instituto Brasileiro de Meio Ambiente

ISO: International Organization for Standardization

LER: Lesão por Esforço Repetitivo

LTCAT: Laudo Técnico de Condições Ambientais do Trabalho

MOPP: Movimentação Operacional de Produtos Perigosos

MTE: Ministério do Trabalho e Emprego

NBR: Normas Técnicas Brasileiras

NHO: Norma de Higiene Ocupacional

NIOSHI: National Institute of Occupational Safety and Health

NR: Normas Regulamentadoras

NTE: Nexo Técnico Epidemiológico

NTEP: Nexo Técnico Epidemiológico Previdenciário

OGMO: Órgão Gestor de Mão de Obra

OHSAS: Occupational Health and Safety Assessment Series

OIT: Organização Internacional do Trabalho

ONU: Organização das Nações Unidas

OS: Ordem de Serviço

PAT: Programa de Alimentação do Trabalhador

PCMSO: Programa de Controle Médico de Saúde Ocupacional

PGR: Programa de Gerenciamento de Riscos

PGRS: Programa de Gerenciamento de Resíduos Sólidos

PL: Produção Limpa

PNL: Programação Neurolinguística

PPP: Perfil Profissiográfico Previdenciário

PPR: Programa de Proteção Respiratória

PPRA: Programa de Prevenção de Riscos Ambientais

PPRS: Programa de Prevenção de Riscos em Prensas e Similares

PROCON: Fundação de Proteção e Defesa do Consumidor

PURA: Programa de Uso Racional da Água

RAC: Regulamento de Avaliação da Conformidade

RDO: Relatório Diário de Operação

RIMA: Relatório de Impacto Ambiental

RTP: Recomendação Técnica de Procedimentos

SABESP: Companhia de Saneamento Básico do Estado de São Paulo

SESMT: Serviços Especializados em Engenharia de Segurança e em Medicina do Trabalho

SGA: Sistema de Gestão Ambiental

SGI: Sistema de Gestão Integrada

SIPAT: Semana Interna de Prevenção de Acidentes de Trabalho

SIT: Secretaria de Inspeção do Trabalho

SNT: Secretaria Nacional do Trabalho

SSST: Secretaria de Segurança e Saúde no Trabalho

SUS: Sistema Único de Saúde

TST: Tribunal Superior do Trabalho

UFIR: Unidade Fiscal de Referência

UV: Ultravioleta

Sumário

Capítulo 1 - Homem e Cultura 13
1.1 Fundamentos 13
1.2 Principais visões da origem humana 14
1.2.1 Teoria Criacionista 14
1.2.2 Teoria Evolucionista 14
1.3 Cultura 18
1.3.1 Definição 18
1.3.2 A cultura explicada pelo senso comum 19
1.3.3 A cultura explicada pelo senso científico 19
1.3.4 O conceito antropológico de cultura 19
1.3.5 Classificação da cultura 20
1.3.6 Simbolização da vida social 21
1.3.7 Diversidade cultural 23
1.3.8 Cultura nacional brasileira 24
Agora é com você! 24
Capítulo 2 - Cidadania Organizacional 25
2.1 Conceitos 25
2.2 Cidadania 26
2.2.1 Fundamentos 26
2.2.2 Declaração Universal dos Direitos Humanos 27
2.2.3 Princípios fundamentais da Constituição Federal 33
2.2.4 Direitos e deveres individuais e coletivos 34
2.2.5 Direitos sociais 40
2.3 Cidadania e liderança organizacional 44
2.3.1 Comportamento organizacional 44
2.3.2 Absenteísmo 45
2.3.3 Satisfação no trabalho 46
2.3.4 Controle do tempo 47
2.3.5 Situações de iniquidade 47
Agora é com você! 48
Capítulo 3 - Ética Profissional 49
3.1 Conceitos básicos 49
3.2 Liderança e ética profissional 50

3.3 Costumes, moral e ética 51
3.3.1 Conceito de costumes 51
3.3.2 Conceito de moral 51
3.3.3 Conceito de ética 52
3.3.4 Ética nas profissões 52
3.3.5 Ética na educação 54
3.3.6 Ética nas relações de negócios 55
3.4 Código de Ética dos Profissionais de Administração 56
3.4.1 Dos deveres 56
3.4.2 Das proibições 57
3.4.3 Dos direitos 58
3.4.4 Dos honorários profissionais 59
3.4.5 Dos deveres especiais em relação aos colegas 60
3.4.6 Dos deveres especiais em relação à classe 61
3.4.7 Das infrações disciplinares 61
3.4.8 Das disposições finais 62
3.5 Código de ética das demais profissões regulamentadas 63
Agora é com você! 66
Capítulo 4 - Legislação Trabalhista 67
4.1 Conceitos 67
4.2 Princípios do direito do trabalho 68
4.2.1 Princípio da proteção 68
4.2.2 Princípio da irrenunciabilidade de direitos 69
4.2.3 Princípio da continuidade da relação de emprego 69
4.2.4 Princípio da primazia da realidade 70
4.2.5 Princípio da inalterabilidade contratual lesiva 70
4.2.6 Princípio da intangibilidade salarial 70
4.3 Relações de trabalho 71
4.3.1 Relação de trabalho eventual 71
4.3.2 Relação de trabalho voluntário 72
4.3.3 Relação de trabalho avulso 72
4.3.4 Relação de trabalho autônomo 73
4.3.5 Relação de trabalho - estágio 73
4.3.6 Relação de trabalho subordinado 74
4.3.7 Empregado rural 75
4.3.8 Empregado doméstico 76

4.4 Contrato de trabalho 76
4.4.1 Classificação 76
4.4.2 Interrupção do contrato de trabalho 78
4.4.3 Suspensão do contrato de trabalho 79
4.4.4 Resolução do contrato de trabalho 79
Agora é com você! 82

Capítulo 5 - Comunicação e Marketing Pessoal 83
5.1 Conceitos e aplicações 83
5.2 Relações humanas no trabalho 83
5.3 Comunicação 84
5.3.1 Conceito de empatia 86
5.3.2 Comunicação verbal 86
5.3.3 Comunicação não verbal 88
5.3.4 Canais de comunicação para o sucesso profissional 89
5.4 Marketing pessoal 92
5.4.1 Critérios de imagem 93
5.5 Sucesso profissional 94
5.5.1 Simplicidade 94
5.5.2 Aprender com as dificuldades 97
5.5.3 O amor à família 97
5.5.4 O desejo de ser campeão 97
Agora é com você! 98

Capítulo 6 - Gestão de Qualidade 99
6.1 Conceitos 99
6.2 Evolução do conceito de qualidade 100
6.2.1 Evolução histórica 100
6.2.2 Evolução da qualidade no Brasil 101
6.3 Sistemas de Gestão de Qualidade 104
6.3.1 Certificação ISO 104
6.4 Princípios da Qualidade Total 106
6.4.1 Planejamento da Qualidade 106
6.4.2 Satisfação total do cliente 107
6.4.3 Gestão participativa 107
6.4.4 Desenvolvimento dos Recursos Humanos 108
6.4.5 Constância de propósitos 108
6.4.6 Aperfeiçoamento contínuo 108

6.4.7 Gerenciamento de processos 108
6.4.8 Disseminação das informações 109
6.4.9 Garantia da qualidade 109
6.4.10 Desempenho Zero Defeito 110
6.5 Principais ferramentas da qualidade 110
6.5.1 Folha de verificação 111
6.5.2 Diagrama de Pareto 111
6.5.3 Diagrama de causa e efeito 111
6.5.4 Diagrama de dispersão 111
6.5.5 Histograma 112
6.5.6 Fluxograma 112
6.5.7 Gráfico de controle 112
6.5.8 *Brainstorming* 112
Agora é com você! 114
Bibliografia 115
Glossário 119

Apresentação

Caro leitor, é com muita satisfação que apresento a obra intitulada Ética Profissional. Ela tem como principal objetivo suprir a ausência de um livro-texto que possa ser utilizado por professores, instrutores e alunos dos cursos técnicos e de nível superior nas instituições de ensino em que essa disciplina é contemplada.

Os assuntos são abordados com uma linguagem simples, objetiva e didática, de tal forma que a cada capítulo o leitor possa exercitar-se com exercícios de revisão, fixação, bem como questões de múltipla escolha para melhor assimilação.

Compõe-se de seis capítulos, distribuídos da seguinte forma:

Capítulo 1 (Homem e Cultura): comenta as principais visões sobre a origem humana, o surgimento da cultura e a teoria da evolução. Explica o significado do termo cultura (senso comum e científico), a simbolização da vida social, a diversidade cultural, as culturas nacionais, a antropologia e o estudo da cultura nas relações humanas.

Capítulo 2 (Cidadania Organizacional): traz os fundamentos de cidadania para uma vida mais justa, bem como a Declaração Universal dos Direitos Humanos. Aborda a cidadania nas organizações: suas origens, estado de ânimo, satisfação no trabalho, absenteísmo (atrasos e faltas no trabalho), controle do tempo, situações de iniquidade etc.

Capítulo 3 (Ética Profissional): ensina conceitos gerais de ética e moral, como evolução histórica, princípios fundamentais, paradigmas e polêmicas. Traz na íntegra o Código de Ética do Administrador, comentários técnicos a respeito de todos os outros códigos de ética e das demais profissões regulamentadas pelo Ministério do Trabalho e Emprego (MTE).

Capítulo 4 (Legislação Trabalhista): apresenta os princípios do direito do trabalho, as relações de trabalho e emprego, serviço voluntário, os tipos de contrato de trabalho e suas formas de resolução, como justa causa, despedida indireta e culpa recíproca.

Capítulo 5 (Comunicação e Marketing Pessoal): abrange a comunicação e o marketing como ferramentas para atingir o sucesso pessoal e profissional, os conceitos de empatia, comunicação verbal e não verbal, canais de comunicação, critérios de imagem e a importância do marketing pessoal nas organizações atuais.

Capítulo 6 (Gestão de Qualidade): finaliza a obra comentando um dos temas mais relevantes do ambiente organizacional, a gestão de qualidade. Explica a evolução do conceito de qualidade, tipos de gerência, princípios da qualidade total, NBR série ISO 9000, sistemas de garantia de qualidade, ferramentas e muito mais.

O autor

Apresentação

Caro leitor, é com muita satisfação que apresento a obra [illegible]. Ela tem como principal objetivo suprir a ausência de um livro-texto e se possa ser utilizado por professores, instrutores e alunos dos cursos técnicos e de nível superior das instituições de ensino em que essa disciplina é contemplada.

Os assuntos são abordados com uma linguagem simples, objetiva e didática, de tal forma que a cada capítulo o leitor possa se relacionar com exercícios de revisão, [illegible] bem como questões de múltipla escolha para melhor assimilação.

Compõe-se de [illegible] conteúdos, distribuídos da seguinte forma:

[illegible] comenta as principais teorias sobre a origem humana, o surgimento da cultura e [illegible] da evolução. Explica o significado do termo cultura (senso comum e científico), a simbologia, [illegible] diversidade cultural, as culturas nacionais, a antropologia e o estudo da cultura nas relações humanas.

[illegible] trata da moral e da ética [illegible] para uma vida com mais justiça [illegible] e [illegible] nas organizações e [illegible] sobre a ética no trabalho [illegible] hoje [illegible].

[illegible] conceitos gerais de [illegible] como evoluiu a lei [illegible] princípios fundamentais [illegible] e potenciais. [illegible] código de ética [illegible] [illegible], comentários [illegible] e a relação de todos os outros códigos de ética das demais profissões regulamentadas pelo [illegible] do [illegible] e Emprego (MTE).

[illegible] os processos de gestão [illegible] trabalho [illegible] de trabalho [illegible] e suas formas de [illegible].

[illegible] abrange [illegible] o marketing como ferramenta para [illegible] e satisfação [illegible] não verbal, canais de comunicação, [illegible] de imagem, [illegible] do marketing pessoal nas organizações atuais.

[illegible] Finaliza a obra comentando um dos temas mais relevantes do ambiente organizacional: a gestão da qualidade. Explica a evolução do conceito de qualidade, tipos de gerência, princípios da qualidade total, NBR série ISO 9000, sistemas de garantia da qualidade, ferramentas e muito mais.

O autor

1

Homem e Cultura

Para começar

Este capítulo tem por finalidade comentar as principais visões sobre a origem humana, o surgimento da cultura e a teoria da evolução. Explicar o significado do termo cultura (senso comum e científico), a simbolização da vida social, a diversidade cultural, as culturas nacionais, a antropologia e o estudo da cultura nas relações humanas.

1.1 Fundamentos

Iniciamos o livro abordando um dos temas mais relevantes de todos os tempos: a origem do ser humano.

Saber sua origem, evolução e cultura permite entrar num mundo de conhecimento, repleto de dúvidas, indagações e suposições, muitas delas até hoje inexplicáveis.

Tentar compreender as origens da cultura é voltar às origens da humanidade, pois os costumes e hábitos aprendidos desde os primórdios são comportamentos relacionados com a nossa sobrevivência e evolução enquanto espécie.

No decorrer deste capítulo, vamos abordar as principais visões da origem do homem, a teoria do criacionismo e a do evolucionismo.

Explicamos o surgimento da cultura, seu significado pelos sensos comum, científico e antropológico, seu estudo nas relações humanas, a simbolização da vida social, a diversidade cultural e as culturas nacionais.

Figura 1.1 - Feijoada com diversos acompanhamentos: arroz, mandioca frita, torresmo, laranja, entre outros. Apesar de ser originada do Norte de Portugal, atualmente constitui um dos pratos típicos da cultura brasileira.

1.2 Principais visões da origem humana

Se há algo, ainda, que intriga a ciência em suas pesquisas e descobertas, até os dias atuais, sendo constante o debate entre cientistas, estudiosos, historiadores e religiosos, é, sem sombra de dúvidas, a criação do homem.

Apesar dos avanços tecnológicos e de recentes descobertas no mundo científico, existem ainda muitas verdades inacabadas e dúvidas.

Ao longo dos anos surgiram diversas teorias que tentam explicar a origem de um ser tão complexo como o homem. Atualmente, há duas teorias que predominam, sendo as mais aceitas pela humanidade: a Teoria do Criacionismo e a Teoria do Evolucionismo.

Ambas as teorias, apesar da grande divergência de suas conclusões, vêm ganhando cada vez mais adeptos de seus fundamentos.

1.2.1 Teoria Criacionista

A Teoria Criacionista explica a criação do Universo e da Humanidade por meio da visão religiosa.

1.2.2 Teoria Evolucionista

A Teoria do Evolucionismo surgiu em oposição ao Criacionismo. Ela parte do princípio de que o ser humano é o resultado de um lento processo de alterações (mudanças) ao longo dos anos, ou seja, a ideia central dessa teoria reza que os seres vivos (animais e vegetais, inclusive o homem) originaram-se de seres mais simples, que foram se modificando ao passar dos anos.

A palavra evoluir vem do latim *evolutione*, que significa desenvolvimento progressivo; pode ser de uma ideia, de um acontecimento, de uma ação ou de uma espécie.

No estudo da biologia, o termo evolução se refere a uma teoria que admite a transformação progressiva das espécies, bem como a adaptação dos seres vivos ao ambiente. Essa adaptação é o ajustamento de uma espécie ao ambiente, possibilitada por características que permitem a sobrevivência e sua reprodução

A Teoria da Evolução é fruto de pesquisas iniciadas por volta do século XIX pelo cientista inglês Charles Robert Darwin (1809-1882) e pelo naturalista britânico Alfred Russel Wallace (1823-1913). Segundo ela:

» Os organismos de uma mesma espécie demonstram diversidade intraespecífica, ou seja, diferem entre si em aspectos naturais como cor, tamanho, resistência a predadores e doenças, deficiências físicas, peso etc. A variabilidade genética de uma espécie é determinada pelas mutações e pela recombinação genética da espécie que conseguir sobreviver no ambiente.
» O ambiente atua sobre a diversidade intraespecífica, eliminando os indivíduos menos adaptados às características do ambiente e selecionando aqueles com mais capacidade de adaptação às necessidades fisiológicas do meio em que sobrevivem e se reproduzem. Esse processo é denominado seleção natural.

Com a seleção natural, essas variações adaptativas tornam mais viáveis a sobrevivência e a reprodução de uma espécie num determinado habitat ou nicho ecológico. Os organismos bem adaptados têm maior probabilidade de gerar descendentes que herdarão suas características. Por exemplo, numa floresta forrada de folhas e gravetos na cor marrom, os roedores com pelo marrom têm mais chance de sobreviver e se reproduzir do que os roedores com pelagem branca, pois estes são mais visíveis aos olhos dos predadores, tornando-se presa fácil. Já os roedores com pelagem marrom, semelhante à cor dos gravetos e folhas caídos no solo, não são facilmente percebidos pelos predadores.

Figura 1.2 - Roedores com pelagem escura, semelhante à cor das folhas e gravetos caídos no solo, são menos visíveis aos predadores, tendo mais chances de sobrevivência e procriação. Os de pelagem branca são mais visíveis e presa fácil.

1.2.2.1 Evolução do ser humano

A Teoria da Evolução enfatiza que o homem e o macaco possuem uma mesma ascendência, a partir da qual estas e outras espécies se desenvolveram ao longo dos anos. Contudo, isso não quer dizer que Charles Darwin supôs que o homem é um descendente do macaco ou coisa aparecida. Ele apenas sugere em sua obra, *A Origem das Espécies*, que o macaco e o homem, em razão de suas familiaridades biológicas, teriam um mesmo ascendente em comum.

Foi a partir das afirmações da Teoria da Evolução, de Charles Darwin, e de outras áreas da ciência (Genética e Biologia Molecular, por exemplo) que vários membros da comunidade acadêmica e científica, ao longo dos anos, lançaram-se ao árduo desafio de tentar compreender o processo de variação e adaptação de populações ao longo do tempo e o surgimento de novas espécies a partir de outra.

De acordo com esses estudos, o surgimento do Homem pode ser dividido nos seguintes tipos:

Australopithecus

Os *Australopithecus* viveram no período Paleolítico, também conhecido como período da Pedra Lascada, há aproximadamente três milhões de anos. Seu surgimento foi marcado pelo homem símio. Um ser bípede, com postura ereta, que tinha as mãos livres para usar objetos e utensílios coletados da natureza. Em virtude disso, suas mandíbulas e arcada dentária começaram a diminuir.

Sua altura era aproximadamente 1,5 m, e seu cérebro era muito pequeno, cerca de 450 a 500 cm^3.

Pesquisas informam que essa espécie desapareceu na África, na mesma região onde havia surgido, por motivos até hoje desconhecidos.

Homo habilis

Os *Homo habilis* começaram a habitar o planeta há aproximadamente dois milhões de anos. Eles eram semelhantes ao homem atual. Fabricavam machados de mão e cavavam a terra em busca de raízes. Alimentavam-se basicamente da carne dos animais que caçavam. Seu cérebro também era pequeno, media aproximadamente 650 a 800 cm^3.

Homo erectus

A espécie dos *Homo erectus* surgiu por volta de 1,5 milhão de anos atrás. Eles viviam em grupos, moravam em cavernas, utilizavam armas e utensílios de madeira e ossos.

Com a inteligência um pouco mais desenvolvida, utilizavam a pedra como ferramenta de trabalho. Também trabalhavam a pedra de tal forma que ficasse com as duas faces cortantes, sendo por isso utilizada como uma arma de defesa e ataque.

Sua altura era aproximadamente de 1,60 m; seu cérebro já era um pouco mais ampliado, cerca de 900 a 1.100 cm^3, implicando em mais inteligência.

Homem de Neanderthal

O Homem de Neanderthal, primeiro ramo da espécie dos *Homo sapiens*, recebeu esse nome por ter sido encontrado no lago Neander, na Alemanha, há cerca de cem mil anos. Ele possuía capacidade de pensamento abstrato e de fala, e também tinha por hábito praticar rituais religiosos e enterrar os mortos.

Essa espécie sumiu do planeta por volta de 35 mil anos atrás, mas os motivos são até hoje desconhecidos.

Sua altura era aproximadamente de 1,60 m. Tinha as pernas curtas e seu corpo era mais robusto. Seu cérebro media cerca de 1.500 cm^3.

Homem de Cro-Magnon

O Homem de Cro-Magnon pertencia ao segundo ramo da espécie dos *Homo Sapiens*. Ele surgiu há aproximadamente 70 mil anos e era capaz de criar diversos instrumentos e armas com pedra e ossos. Tinha por hábito cozinhar os alimentos antes de consumi-los. Fez diversas pinturas rupestres e esculturas de arpões, anzóis e agulhas de osso.

Como a inteligência do Homem de Cro-Magnon já estava muito evoluída, tornou-se grande pescador e caçador. Foi o responsável pelo povoamento da Oceania e da América, além de dar origem ao homem atual.

Seu cérebro media 1.500 cm^3, semelhante ao do Homem de Neanderthal.

Homo sapiens sapiens

É uma das espécies mais recentes. Surgiu há aproximadamente 12 mil anos.

Essa espécie é caracterizada por aspectos físicos modernos, começa a ter uma vida mais sedentária e passa a abandonar a coleta para a produção dos alimentos. Seu cérebro é bem mais evoluído que de seus antepassados, medindo de 1.500 a 1.600 cm^3.

Figura 1.3 - Conforme a Teoria do Evolucionismo, o homem passou por diferentes espécies: *Australopithecus*, *Homo habilis*, *Homo erectus*, homem de Neanderthal, homem de Cro-Magnon e *Homo sapiens sapiens*.

Amplie seus conhecimentos

Teoria do Big Bang

A teoria do Big Bang, também conhecida como teoria da grande explosão, é uma das teorias mais aceitas sobre a origem do universo pela comunidade científica na atualidade.

Anunciada pela primeira vez em 1948, pelos cientistas George Gamow (1904-1968) e Georges Lemaître (1894-1966), afirmava que o universo teria surgido a partir de uma grande explosão cósmica, ocorrida entre 10 e 20 bilhões de anos atrás, aproximadamente. O termo explosão representaria uma grande liberação de energia, criando o famoso espaço-tempo.

Em parte, a teoria do Big Bang encontra fundamento na teoria da relatividade do físico Albert Einstein (1879-1955), bem como nos estudos dos astrônomos Edwin Hubble (1889-1953) e Milton Humason (1891-1972), que acabaram demonstrando que o universo não é estático, mas sim encontra-se em constante expansão. Todas as galáxias estão se afastando umas das outras, podendo concluir que no passado elas deveriam estar mais próximas que hoje, ou até mesmo formando um único ponto.

Mais informações podem ser obtidas no site: http://www.brasilescola.com/geografia/big-bang.htm.

1.3 Cultura

1.3.1 Definição

A cultura está relacionada com as diversas manifestações de pensamento praticadas por um grupo em benefício de uma sociedade. Toda cultura é considerada como configuração saudável para os indivíduos que a praticam, que a exercem de forma produtiva para as necessidades de seu povo.

Por isso é natural que os povos formulem juízos em relação aos modos de vida diferentes dos seus. Praticar algum ato contrário à cultura de determinado povo é ir contra seus princípios e costumes, e com certeza não será visto com bons olhos.

De forma genérica, podemos definir como cultura os hábitos, as crenças, as rotinas, bem como as atitudes sociais praticadas por um povo numa determinada região, e por certo período de tempo. Por exemplo, os conflitos de religião e de acepções políticas, as regras e condutas morais, a arte, a música, os pratos típicos, a língua, até o penteado dos cabelos faz parte da cultura.

Nesse mesmo sentido, alguns estudiosos do tema complementam a definição de cultura da seguinte forma:

> A cultura inclui todas as manifestações dos hábitos sociais de uma comunidade, as reações do indivíduo na medida em que são afetadas pelos costumes do grupo em que vive, e os produtos das atividades humanas na medida em que são determinados por tais costumes (BOAS, 1930).
>
> A cultura de uma sociedade consiste em tudo aquilo que se conhece ou acredita para influenciar de uma maneira aceitável os seus membros. A cultura não é um fenômeno material: não consiste em coisas, pessoas, condutas ou emoções, as em uma organização de tudo isso. É a forma das coisas que as pessoas têm em sua mente, seus modelos de percebê-las, de relacioná-las ou de interpretá-las (GOODENOUGH, 1957).

Cultura é um sistema simbólico, característica fundamental e comum da humanidade de atribuir, de forma sistemática, racional e estruturada, significados e sentido às coisas do mundo (GEERTZ, 1973).

A cultura pode ser explicada de diversas formas, porém há três correntes de estudo que tentam explicá-la mais didaticamente, que são a cultura do senso comum, a cultura do senso científico e o conceito antropológico de cultura.

1.3.2 A cultura explicada pelo senso comum

É até um pouco natural que o ser humano tenha a tendência de agir, em situações do dia a dia, conforme algumas rotinas que aprende a repetir mecanicamente, sem questionar muito o porquê de cada uma delas. Por exemplo, o hábito de tomar café quente pela manhã, cumprimentar os colegas com bom-dia ou boa-tarde, tomar banho todos os dias, alimentar-se em horários predeterminados etc.

O responsável por ensinar esses hábitos é o chamado senso comum. Reações que proporcionam soluções imediatas para situações do dia a dia é uma das funções do senso comum.

Ter condições de avaliar prontamente uma atitude como correta ou errada, ou, ainda, saber técnicas rotineiras de como cozinhar, fazer café, tomar banho, arrumar-se para um casamento etc. também faz parte desse complexo repertório da cultura do senso comum.

1.3.3 A cultura explicada pelo senso científico

Enquanto a cultura explicada pelo senso comum estuda os nossos comportamentos naturais e as crenças que adquirimos sem mesmo perceber ao longo dos anos, o senso científico aborda a cultura de forma mais técnica, ou seja, procura fundamentar os conhecimentos adquiridos ao longo dos anos, busca padronizar a simbologia social, os códigos, a linguagem de um grupo etc.

A primeira definição científica de cultura é do antropólogo inglês Edward Tylor (1832-1917). Segundo ele, a cultura é um conjunto complexo que inclui o conhecimento, as crenças, a arte, a moral, a lei, os costumes e quaisquer outros hábitos e capacidades adquiridos pelo homem como membro da sociedade.

1.3.4 O conceito antropológico de cultura

A Antropologia ("*anthropos*" em latim significa homem; "*logia*" significa estudo) é a ciência voltada ao estudo do homem. Por volta do século XIX, ela surgiu com a finalidade de aprofundar os conhecimentos científicos a respeito das sociedades primitivas (como eram chamadas as tribos e os povos não europeus - os nativos das Américas, Austrália e África). Porém, como tinha de explicar a grande diferença de comportamento entre esses povos e os europeus, a Antropologia acabou se concentrando no conceito de cultura.

Hoje em dia, a Antropologia possui uma área de estudo muito maior. Ela não estuda somente as tribos ou as pequenas comunidades distantes dos centros desenvolvidos, como antes, mas qualquer ambiente social em que haja participação do ser humano.

A diversidade cultural não gira apenas em torno de "povos primitivos" e "povos civilizados", mas está presente em todo local em que haja contato entre dois povos que cultivam costumes e valores diferentes.

1.3.5 Classificação da cultura

A cultura pode ser classificada de diversas formas, mas as principais são: cultura material, imaterial, real e ideal.

1.3.5.1 Cultura material

São todas as coisas materiais, os bens tangíveis, incluindo instrumentos, artefatos e outros objetos materiais, frutos da criação humana e produzidos a partir dos recursos tecnológicos desenvolvidos pelo homem. Fazem parte dessa cultura os produtos concretos, as técnicas, construções, normas e os costumes que regularizam seu emprego. Por exemplo, vasos de cerâmica, alimentos, máquinas, aviões, satélites artificiais, cruz, calçados, vestuários etc.

Figura 1.4 - Exemplos de cultura material: o vaso de argila, a baixela de porcelana, o calçado de couro.

1.3.5.2 Cultura imaterial

São os elementos intangíveis da cultura, ou seja, os que não podem ser tocados, pois não possuem característica material. Entre eles estão os mitos, as crenças, os hábitos, as normas, os valores, os saberes científicos etc.

1.3.5.3 Cultura real

É a cultura propriamente dita, ou seja, aquela que praticamos diariamente ou pensamos em praticar, pois a achamos correta e digna.

Cabe observar que a cultura real não pode ser percebida (sentida) em sua totalidade, mas apenas de forma parcial. Por exemplo, apesar de fazer parte da nossa cultura conhecer uma educação de qualidade, compreendê-la e atingir seus níveis mais altos de conhecimento, não é uma realidade para todos.

1.3.5.4 Cultura ideal

A cultura ideal, também conhecida como cultura normativa, consiste em um conjunto de comportamentos que, apesar de serem expressos verbalmente como bons, corretos e justos para o grupo, nem sempre são comumente praticados.

Podemos dizer que a cultura ideal seria a cultura da excelência (perfeição), mas muitas vezes ela vai além do alcance comum do povo. Por exemplo, a soberania popular do voto direto, em que ocorre a eleição de um político que lute pelo interesse do povo. Essa soberania representa uma eleição ideal, mas nem sempre isso ocorre ou é satisfatório aos interesses do povo.

1.3.6 Simbolização da vida social

É a representação daquilo que, num contexto cultural, possui valor significativo para a compreensão humana. Em outras palavras, simbolizar a vida social é representar, por códigos e símbolos preestabelecidos por um grupo social, significados, regras, conceitos e atitudes que influenciam o convívio desse grupo.

Para compreender melhor o conceito de simbolização da vida social, precisamos primeiramente entender o significado dos signos por meio do estudo da semiótica.

1.3.6.1 Conceito de signo e semiótica

Charles S. Peirce (1839-1914) foi o primeiro a trazer a concepção de semiótica por meio dos signos. Segundo ele, os signos representam alguma coisa para alguém. Isso quer dizer que os signos podem representar qualquer coisa para todos aqueles que conhecem seus significados.

A semiótica é a área do conhecimento que estuda e investiga os processos de criação, percepção e adequação dos signos no mundo. Ela lida com os conceitos, as ideias, estuda como esses mecanismos de significação se processam natural e culturalmente na vida do ser humano.

A semiótica, ao contrário da linguística, não reduz suas pesquisas apenas ao campo verbal, mas a externa para qualquer sistema de signos, como as artes visuais, a música, a fotografia, o cinema, a moda, os gestos, a religião etc.

Figura 1.5 - Campanha publicitária com símbolos que denotam pessoas idosas e com deficiências físicas.

Charles S. Peirce classifica os signos em três tipos:

» Ícone: é a representação pictoresca do objeto, ou seja, o ícone representa o que representa. As imagens em geral são ícones. Por exemplo, o desenho de um computador numa folha de papel representa o próprio computador.

» Índice: são todas as sugestões ou indícios de uma determinada causa. O índice representa algo que não está presente, porém a representação decorre de uma relação de causalidade. Por exemplo, a alma de Mateus subiu aos céus, quando seu corpo sacudiu-se do vigésimo quinto andar (entende-se que Mateus se suicidou, pulando do prédio).

» Símbolo: símbolos são determinados códigos, placas, objetos, ações ou pinturas que representam conceitos, conjunto de ideias, normas, regras, atitudes etc. São exemplos clássicos de símbolos as letras e as palavras. Também são símbolos as figuras, os objetos e os gestos, quando remetem a uma ideia ou significação que não tem necessariamente semelhança objetiva com aquilo que simboliza, mas uma consagração cultural do que representa. Por exemplo, o sinal da cruz que representa o cristianismo para os católicos; um cartaz sobre os assentos preferenciais do ônibus com os símbolos de gestante, idosos, obesos, deficientes físicos, crianças de colo.

Fique de olho!

O signo pode ter diversos significados, conforme o contexto em que está inserido. Um mesmo signo pode ser de caráter simbólico, icônico e indicial, com certa predominância deste ou daquele caráter. Por exemplo, a palavra "cristianismo" é o índice do sentimento de fé (religião); o desenho de uma igreja seria o ícone representativo do sentimento de fé (religião); o ato de ajoelhar-se perante o altar de uma igreja ou a imagem da Bíblia seriam símbolos representativos do sentimento de fé (religião).

1.3.6.2 Símbolos, comunicação e cultura

Das três formas de signo, o símbolo é o mais utilizado para comunicação e troca de informações, experiências, sentimentos, pensamentos e conceitos entre as pessoas. Com isso fazemos cultura.

Como podemos perceber, a cultura está intimamente relacionada com a simbologia da vida social. O mundo à nossa volta é "traduzido" em pensamentos que precisam ser comunicados e transmitidos de geração em geração. Assim, a capacidade de simbolizar é inata à nossa espécie; todo ser humano cria e utiliza símbolos como forma de se expressar.

1.3.6.3 Valores da vida social

Os valores da vida social são elementos culturais de uma sociedade organizada, em que o interesse coletivo sobressai aos interesses individuais. São os preceitos morais, tidos pelo povo como justos e perfeitos para atingir um convívio social tranquilo e sadio, a tal ponto que aqueles que o praticam são bem vistos e lembrados por suas magníficas atitudes de excelência.

Os valores exercem um papel muito relevante para a vida social, pois eles são signos de comparação que determinam qualidades com relação aos demais signos. Quando atribuímos a certos comportamentos a representação de conceitos considerados mais relevantes à nossa cultura, tais comportamentos, agora signos desses valores, são valorizados e estimulados pelo meio social em que vivemos. São exemplos de valores estimulados para um bom convívio social: a solidariedade, a honra, a disciplina, o respeito, a transparência, a confiabilidade etc.

1.3.6.4 Valores x normas

Apesar de os valores e as normas serem orientações para a conduta social de um mesmo grupo, eles se diferenciam quanto à finalidade. Enquanto os valores são modelos de referência para a moral, as normas garantem que o nosso comportamento seja adequado ao do grupo.

As leis, os decretos, os códigos penal e civil são exemplos de normas que tentam garantir, na prática, comportamentos adequados ao perfeito convívio social.

1.3.7 Diversidade cultural

Conforme observamos anteriormente, a cultura é um fenômeno produzido pelo ser humano (homens, mulheres, crianças), mas que depende da participação da coletividade, ou seja, ela é construída socialmente, com a interação de todos, e não herdada biologicamente, como muitos pensam. E é a partir dessa interação que nasce a diversidade cultural, que consiste em fazer com que cada lugar e cada período histórico tenham uma imensa variedade de regras, símbolos e formas de conduzir a vida coletiva.

A Declaração Universal sobre a Diversidade Cultural[1], do artigo 1º ao 3º, traz observações e conceitos muito importantes para o pleno desenvolvimento da cultura, conforme indicam os tópicos a seguir.

1.3.7.1 A diversidade cultural como patrimônio comum da humanidade

A cultura adquire formas diversas através do tempo e do espaço. Essa diversidade se manifesta na originalidade e na pluralidade de identidades que caracterizam os grupos e as sociedades que compõem a humanidade. Fonte de intercâmbios, de inovação e de criatividade, a diversidade cultural é, para o gênero humano, tão necessária como a diversidade biológica para a natureza. Nesse sentido, constitui o patrimônio comum da humanidade e deve ser reconhecida e consolidada em benefício das gerações presentes e futuras.

1.3.7.2 Da diversidade cultural ao pluralismo cultural

Em nossas sociedades cada vez mais diversificadas, torna-se indispensável garantir uma interação harmoniosa de pessoas e grupos com identidades culturais a um só tempo plurais, variadas e dinâmicas, assim como sua vontade de conviver. As políticas que favoreçam a inclusão e a participação de todos os cidadãos garantem a coesão social, a vitalidade da sociedade civil e a paz. Definido desta maneira, o pluralismo cultural constitui a resposta política à realidade da diversidade cultural. Inseparável de um contexto democrático, o pluralismo cultural é propício aos intercâmbios culturais e ao desenvolvimento das capacidades criadoras que alimentam a vida pública.

---

1 Princípios da Declaração Universal sobre a Diversidade Cultural da UNESCO, 2002. Também disponível, na íntegra, no site da UNESCO: www.unesco.org.br.

1.3.7.3 A diversidade cultural como fator de desenvolvimento

A diversidade cultural amplia as possibilidades de escolha que se oferecem a todos; é uma das fontes do desenvolvimento, entendida não somente em termos de crescimento econômico, mas também como meio de acesso a uma existência intelectual, afetiva, moral e espiritual satisfatória.

1.3.8 Cultura nacional brasileira

O Brasil pode ser considerado um dos países mais diversificados culturalmente do mundo, tendo em vista a grande miscigenação no período de sua colonização, quando houve uma mistura de diversas raízes: indígenas, europeias, asiáticas e africanas.

Tal miscigenação caracterizou a riqueza de nossa cultura, refletindo hoje em milhões e milhões de brasileiros e brasileiras, a qual, com suas belezas individuais, a todos encanta.

Nossa cultura se destaca em diversas áreas, entre elas a culinária, a música, o artesanato, a arquitetura, as produções artísticas, as festas populares, as danças folclóricas etc.

O Brasil conta com 17 bens culturais e naturais tombados pelo Patrimônio Mundial da UNESCO, e ainda é detentor de uma das maravilhas do mundo, o Cristo Redentor, localizado no Rio de Janeiro, RJ.

Vamos recapitular?

Neste capítulo, aprendemos as principais teorias que buscam comprovar na prática a origem do ser humano, como a Teoria do Criacionismo, a Teoria do Evolucionismo e a teoria do big bang.

De forma prática, conhecemos o significado do termo cultura, tanto pelo senso comum quanto pelo científico. Abordamos conceitos históricos da cultura brasileira, simbolização da vida social, diversidade cultural, culturas nacionais, antropologia e estudo da cultura nas relações humanas para uma vida mais justa.

Agora é com você!

1) Em sua opinião qual a importância do conhecimento sobre a origem humana?
2) Com suas palavras explique a Teoria do Evolucionismo.
3) O que são signos?
4) Discuta com os seus amigos a importância da cultura pelo senso comum.
5) Você acredita que a diversidade cultural traz benefícios? Explique!

2

Cidadania Organizacional

Para começar

Este capítulo traz, de forma simples e objetiva, os fundamentos de cidadania para uma vida mais justa, bem como a Declaração Universal dos Direitos Humanos. Também aborda a cidadania nas organizações: suas origens, estado de ânimo, satisfação no trabalho, absenteísmo (atrasos e faltas no trabalho), controle do tempo, situações de iniquidade, e muito mais.

2.1 Conceitos

O conceito de cidadania esteve presente desde os primórdios da evolução humana. A partir do momento em que o homem começou a viver em sociedade, formando grupos e famílias de interesse comum, começou a despertar a necessidade de criar regras, normas, padrões de interesse coletivo, de tal forma a garantir as necessidades individuais, como, por exemplo, o direito de ter uma cabana (moradia) isolada das demais, poder criar animais e domesticá-los, plantar e cultivar frutos e legumes para sua subsistência e de sua família, enfim, poder concretizar estes objetivos individuais assegurados por um respeito mútuo, com direitos e deveres a todos impostos.

Nos dias de hoje, a cidadania está muito ligada aos direitos humanos em relação às obrigações impostas pelo Estado: os direitos civis, os políticos, os sociais e também os emocionais. No campo dos direitos civis, podemos citar o direito de ir e vir, o de livre expressão, o direito a informação, de reunir-se, de organizar-se, de igualdade perante a lei, entre outros. Nos direitos políticos, podemos exemplificar o direito de votar e poder disputar cargos políticos (presidente, governador, prefeito, deputados, vereadores etc.). No campo dos direitos sociais, podemos citar direito à saúde (bem-estar), à segurança pública, ao trabalho, à sindicalização, à educação, à participação em negociações coletivas, entre tantos outros. Até nos direitos emocionais a cidadania interage com o poder público, como, por exemplo, a livre opção sexual, o direito ao casamento, bem como uma triste separação judicial.

Anne Kitzman/Shutterstock.com

Figura 2.1 - O direito de propriedade e segurança do seu usufruto foi um dos primeiros atos de cidadania praticados pelo homem na sociedade.

Nas organizações, a cidadania também exerce papel de extrema relevância, quando, por exemplo, o empregador estimula o trabalho em equipe e a qualidade de vida entre os funcionários. Busca, por meio de palestras e treinamentos de segurança, reduzir o índice de absenteísmo (atrasos e faltas) no trabalho. Procura conscientizar a importância do desenvolvimento profissional de cada colaborador, bem como da organização. Atua com imparcialidade nas decisões de hierarquia entre chefes e subordinados etc.

2.2 Cidadania

2.2.1 Fundamentos

A palavra "cidadania" é usada para discriminar "qualidade ou estado do cidadão". Esta nomenclatura é usada para designar o pleno gozo de todos os direitos civis, políticos e pessoais do cidadão de um país. Também representa a garantia de um estado democrático de direito a todos os necessitados, sejam eles pobres ou ricos, homens ou mulheres.

E nesse mesmo sentido, Padim (1985) complementa:

> "a cidadania será o conjunto de direitos e deveres estabelecidos na lei e nos sistemas políticos instituídos no país."

Foto: Arquivo

Figura 2.2 - Exemplos clássicos do exercício da cidadania: o direito de se candidatar a um cargo político e o direito do voto secreto assegurado pela justiça eleitoral.

Amplie seus conhecimentos

Citizenship and Social Class ("Cidadania e Classe Social") foi publicado em 1950. Desenvolvido pelo sociólogo britânico Thomas Humprey Marshall (1893-1981), foi um dos ensaios mais aclamados de sua carreira.

Ele define o conceito de cidadania em três partes: civil, política e social, nos séculos XVIII, XIX e XX, definindo o conceito de direitos sociais e afirmando que a cidadania só é plena se é dotada de todos os três tipos de direito.

Leia mais sobre isso em: <http://estagiariodedireito.br.tripod.com/_html/Artigos/CidadaniaClasseSocialStatus.htm>.

O conceito dessa palavra tem origem na Grécia Clássica, sendo usado até então para designar os direitos relativos ao cidadão, ou seja, aquele que vivia na cidade e ali participava ativamente dos negócios e das decisões políticas.

Ao longo da história, esse conceito foi sendo ampliado, passando a englobar um conjunto de valores sociais, morais e éticos que determinam o mais amplo conjunto de deveres e direitos de qualquer cidadão: o direito de ter direito.

Atualmente o termo cidadania está presente em quase todas as áreas organizadas da vida humana, até mesmo no ambiente familiar. Por exemplo, o direito de ser mãe, pai e filho com todas as prerrogativas garantidas por esse direito; o respeito mútuo entre marido e mulher advindo da obrigação do casamento, o direito a herança etc.

E não para por aí. A própria Constituição Federal (CF/88), nossa legislação soberana, ensina e muito diversos preceitos de cidadania, seja no ambiente organizacional, social ou na vida. Vários instrumentos normativos internacionais tentam alcançar na prática um convívio social sadio. O maior problema encontrado de forma geral dessas normas é conseguir tornar o homem um verdadeiro cidadão, ou seja, criar o hábito de entender que o próximo tem os mesmos direitos que ele, que para ter direito é preciso cumprir suas obrigações perante a coletividade.

2.2.2 Declaração Universal dos Direitos Humanos

A Declaração Universal dos Direitos Humanos é o documento mais importante para o pleno desenvolvimento da cidadania, pois, ao longo dos seus trinta artigos, reconhece a liberdade e igualdade entre os homens, proclama direitos à vida, liberdade e segurança pessoal, como também aponta direitos relativos à justiça, à nacionalidade, à propriedade, à participação política, ao trabalho, ao lazer, à educação, à paz, entre outros. Ela foi adotada e proclamada pela resolução 217 A (III) da Assembleia Geral das Nações Unidas, em 10 de dezembro de 1948.

Em seu preâmbulo, ela considera:

» que o reconhecimento da dignidade inerente a todos os membros da família humana e de seus direitos iguais e inalienáveis é o fundamento da liberdade, da justiça e da paz no mundo;

» que o desprezo e o desrespeito pelos direitos humanos resultaram em atos bárbaros que ultrajaram a consciência da Humanidade e que o advento de um mundo em que os homens gozem de liberdade de palavra, de crença e da liberdade de viverem a salvo do temor e da necessidade foi proclamado como a mais alta aspiração do homem comum;

» essencial que os direitos humanos sejam protegidos pelo Estado de Direito, para que o homem não seja compelido, como último recurso, à rebelião contra a tirania e a opressão;

» essencial promover o desenvolvimento de relações amistosas entre as nações;

» que os povos das Nações Unidas reafirmaram, na Carta, sua fé nos direitos humanos fundamentais, na dignidade e no valor da pessoa humana e na igualdade de direitos dos homens e das mulheres, e que decidiram promover o progresso social e melhores condições de vida em uma liberdade mais ampla;

» que os Estados-Membros se comprometeram a desenvolver, em cooperação com as Nações Unidas, o respeito universal aos direitos humanos e liberdades fundamentais e a observância desses direitos e liberdades;

» que uma compreensão comum desses direitos e liberdades é da mais alta importância para o pleno cumprimento desse compromisso.

E sob a inspiração de diversas vidas, proclama:

A presente Declaração Universal dos Diretos Humanos como o ideal comum a ser atingido por todos os povos e todas as nações, com o objetivo de que cada indivíduo e cada órgão da sociedade, tendo sempre em mente esta Declaração, se esforce, através do ensino e da educação, por promover o respeito a esses direitos e liberdades, e, pela adoção de medidas progressivas de caráter nacional e internacional, por assegurar o seu reconhecimento e a sua observância universais e efetivos, tanto entre os povos dos próprios Estados-Membros, quanto entre os povos dos territórios sob sua jurisdição.

Artigo I

Todas as pessoas nascem livres e iguais em dignidade e direitos. São dotadas de razão e consciência e devem agir em relação umas às outras com espírito de fraternidade.

Artigo II

Toda pessoa tem capacidade para gozar os direitos e as liberdades estabelecidos nesta Declaração, sem distinção de qualquer espécie, seja de raça, cor, sexo, língua, religião, opinião política ou de outra natureza, origem nacional ou social, riqueza, nascimento, ou qualquer outra condição.

Artigo III

Toda pessoa tem direito à vida, à liberdade e à segurança pessoal.

Artigo IV

Ninguém será mantido em escravidão ou servidão, a escravidão e o tráfico de escravos serão proibidos em todas as suas formas.

Artigo V

Ninguém será submetido à tortura, nem a tratamento ou castigo cruel, desumano ou degradante.

Artigo VI

Toda pessoa tem o direito de ser, em todos os lugares, reconhecida como pessoa perante a lei.

Artigo VII

Todos são iguais perante a lei e têm direito, sem qualquer distinção, a igual proteção da lei. Todos têm direito a igual proteção contra qualquer discriminação que viole a presente Declaração e contra qualquer incitamento a tal discriminação.

Artigo VIII

Toda pessoa tem direito a receber dos tributos nacionais competentes remédio efetivo para os atos que violem os direitos fundamentais que lhe sejam reconhecidos pela constituição ou pela lei.

Figura 2.3 - Terrível objeto para a prática de tortura, para obtenção de informações privilegiadas.

Artigo IX

Ninguém será arbitrariamente preso, detido ou exilado.

Artigo X

Toda pessoa tem direito, em plena igualdade, a uma audiência justa e pública por parte de um tribunal independente e imparcial, para decidir de seus direitos e deveres ou do fundamento de qualquer acusação criminal contra ele.

Artigo XI

1) Toda pessoa acusada de um ato delituoso tem o direito de ser presumida inocente até que a sua culpabilidade tenha sido provada de acordo com a lei, em julgamento público no qual lhe tenham sido asseguradas todas as garantias necessárias à sua defesa.

2) Ninguém poderá ser culpado por qualquer ação ou omissão que, no momento, não constituíam delito perante o direito nacional ou internacional. Tampouco será imposta pena mais forte do que aquela que, no momento da prática, era aplicável ao ato delituoso.

Artigo XII

Ninguém será sujeito a interferências na sua vida privada, na sua família, no seu lar ou na sua correspondência, nem a ataques à sua honra e reputação. Toda pessoa tem direito à proteção da lei contra tais interferências ou ataques.

Artigo XIII

1) Toda pessoa tem direito à liberdade de locomoção e residência dentro das fronteiras de cada Estado.

2) Toda pessoa tem o direito de deixar qualquer país, inclusive o próprio, e a este regressar.

Artigo XIV

1) Toda pessoa, vítima de perseguição, tem o direito de procurar e de gozar asilo em outros países.

2) Este direito não pode ser invocado em caso de perseguição legitimamente motivada por crimes de direito comum ou por atos contrários aos propósitos e princípios das Nações Unidas.

Artigo XV

1) Toda pessoa tem direito a uma nacionalidade.

2) Ninguém será arbitrariamente privado de sua nacionalidade, nem do direito de mudar de nacionalidade.

Artigo XVI

1) Os homens e mulheres de maior idade, sem qualquer restrição de raça, nacionalidade ou religião, têm o direito de contrair matrimônio e fundar uma família. Gozam de iguais direitos em relação ao casamento, sua duração e sua dissolução.

2) O casamento não será válido senão com o livre e pleno consentimento dos nubentes.

Artigo XVII

1) Toda pessoa tem direito à propriedade, só ou em sociedade com outros.

2) Ninguém será arbitrariamente privado de sua propriedade.

Artigo XVIII

Toda pessoa tem direito à liberdade de pensamento, consciência e religião; este direito inclui a liberdade de mudar de religião ou crença e a liberdade de manifestar essa religião ou crença, pelo ensino, pela prática, pelo culto e pela observância, isolada ou coletivamente, em público ou em particular.

Artigo XIX

Toda pessoa tem direito à liberdade de opinião e expressão; este direito inclui a liberdade de, sem interferência, ter opiniões e de procurar, receber e transmitir informações e ideias por quaisquer meios e independentemente de fronteiras.

Artigo XX

1) Toda pessoa tem direito à liberdade de reunião e associação pacíficas.

2) Ninguém pode ser obrigado a fazer parte de uma associação.

Artigo XXI

1) Toda pessoa tem o direito de tomar parte no governo de seu país, diretamente ou por intermédio de representantes livremente escolhidos.

2) Toda pessoa tem igual direito de acesso ao serviço público do seu país.

3) A vontade do povo será a base da autoridade do governo; esta vontade será expressa em eleições periódicas e legítimas, por sufrágio universal, por voto secreto ou processo equivalente que assegure a liberdade de voto.

Artigo XXII

Toda pessoa, como membro da sociedade, tem direito à segurança social e à realização, pelo esforço nacional, pela cooperação internacional e de acordo com a organização e recursos de cada Estado, dos direitos econômicos, sociais e culturais indispensáveis à sua dignidade e ao livre desenvolvimento da sua personalidade.

Artigo XXIII

1) Toda pessoa tem direito ao trabalho, à livre escolha de emprego, a condições justas e favoráveis de trabalho e à proteção contra o desemprego.

2) Toda pessoa, sem qualquer distinção, tem direito a igual remuneração por igual trabalho.

3) Toda pessoa que trabalhe tem direito a uma remuneração justa e satisfatória, que lhe assegure, assim como à sua família, uma existência compatível com a dignidade humana, e a que se acrescentarão, se necessário, outros meios de proteção social.

4) Toda pessoa tem direito a organizar sindicatos e neles ingressar para proteção de seus interesses.

Artigo XXIV

Toda pessoa tem direito a repouso e lazer, inclusive a limitação razoável das horas de trabalho e férias periódicas remuneradas.

Artigo XXV

1) Toda pessoa tem direito a um padrão de vida capaz de assegurar a si e a sua família saúde e bem-estar, inclusive alimentação, vestuário, habitação, cuidados médicos e os serviços sociais indispensáveis, e direito à segurança em caso de desemprego, doença, invalidez, viuvez, velhice ou outros casos de perda dos meios de subsistência fora de seu controle.

2) A maternidade e a infância têm direito a cuidados e assistência especiais. Todas as crianças nascidas dentro ou fora do matrimônio gozarão da mesma proteção social.

Artigo XXVI

1) Toda pessoa tem direito à instrução. A instrução será gratuita, pelo menos nos graus elementares e fundamentais. A instrução elementar será obrigatória. A instrução técnico-profissional será acessível a todos, bem como a instrução superior, esta baseada no mérito.

2) A instrução será orientada no sentido do pleno desenvolvimento da personalidade humana e do fortalecimento do respeito pelos direitos humanos e pelas liberdades fundamentais. A instrução promoverá a compreensão, a tolerância e a amizade entre todas as nações e grupos raciais ou religiosos, e coadjuvará as atividades das Nações Unidas em prol da manutenção da paz.

3) Os pais têm prioridade de direito na escolha do gênero de instrução que será ministrada a seus filhos.

Artigo XXVII

1) Toda pessoa tem o direito de participar livremente da vida cultural da comunidade, de fruir as artes e de participar do processo científico e de seus benefícios.

2) Toda pessoa tem direito à proteção dos interesses morais e materiais decorrentes de qualquer produção científica, literária ou artística da qual seja autor.

Artigo XVIII

Toda pessoa tem direito a uma ordem social e internacional em que os direitos e liberdades estabelecidos na presente Declaração possam ser plenamente realizados.

Artigo XXIV

1) Toda pessoa tem deveres para com a comunidade, em que o livre e pleno desenvolvimento de sua personalidade é possível.

2) No exercício de seus direitos e liberdades, toda pessoa estará sujeita apenas às limitações determinadas pela lei, exclusivamente com o fim de assegurar o devido reconhecimento e respeito dos direitos e liberdades de outrem e de satisfazer às justas exigências da moral, da ordem pública e do bem-estar de uma sociedade democrática.

3) Esses direitos e liberdades não podem, em hipótese alguma, ser exercidos contrariamente aos propósitos e princípios das Nações Unidas.

Artigo XXX

Nenhuma disposição da presente Declaração pode ser interpretada como o reconhecimento a qualquer Estado, grupo ou pessoa, do direito de exercer qualquer atividade ou praticar qualquer ato destinado à destruição de quaisquer dos direitos e liberdades aqui estabelecidos.

2.2.3 Princípios fundamentais da Constituição Federal

Nossa atual Constituição Federal (CF/88), em seu artigo 1º, comenta de forma simples os Princípios Fundamentais que devemos observar ao tomarmos qualquer atitude, seja ela coletiva ou individual. Até nossa legislação deve pautar-se nesses princípios para garantir um Estado Democrático de Direito.

A República Federativa do Brasil, formada pela união indissolúvel dos Estados e Municípios e do Distrito Federal, constitui-se em Estado Democrático de Direito e tem como fundamentos:

Fique de olho!

Todo o poder emana do povo, que o exerce por meio de representantes eleitos (deputados e vereadores, por exemplo) ou diretamente (ação popular), nos termos desta Constituição.

I. a soberania;

II. a cidadania;

III. a dignidade da pessoa humana;

IV. os valores sociais do trabalho e da livre iniciativa;

V. o pluralismo político.

2.2.3.1 Poderes da união

São Poderes da União, independentes e harmônicos entre si, o Legislativo, o Executivo e o Judiciário.

2.2.3.2 Objetivos fundamentais

Constituem objetivos fundamentais da República Federativa do Brasil:

I. construir uma sociedade livre, justa e solidária;

II. garantir o desenvolvimento nacional;

III. erradicar a pobreza e a marginalização e reduzir as desigualdades sociais e regionais;

IV. promover o bem de todos, sem preconceitos de origem, raça, sexo, cor, idade e quaisquer outras formas de discriminação.

2.2.3.3 Princípios nas relações internacionais

A República Federativa do Brasil rege-se nas suas relações internacionais pelos seguintes princípios:

I. independência nacional;

II. prevalência dos direitos humanos;

III. autodeterminação dos povos;

IV. não intervenção;

V. igualdade entre os Estados;

VI. defesa da paz;

VII. solução pacífica dos conflitos;

VIII. repúdio ao terrorismo e ao racismo;

IX. cooperação entre os povos para o progresso da humanidade;

X. concessão de asilo político.

Fique de olho!

A República Federativa do Brasil buscará a integração econômica, política, social e cultural dos povos da América Latina, visando à formação de uma comunidade latino-americana de nações.

2.2.4 Direitos e deveres individuais e coletivos

A cidadania atinge sua plenitude quando são observados por todos (homens, mulheres, governo) os direitos e deveres pregados pelo artigo 5º da Constituição Federal (CF/88). Nesse artigo encontramos os direitos e deveres mais importantes para um convívio social mais humano, mais justo a todos àqueles que almejam uma vida melhor. Veja a seguir:

"Todos são iguais perante a lei, sem distinção de qualquer natureza, garantindo-se aos brasileiros e aos estrangeiros residentes no País a inviolabilidade do direito à vida, à liberdade, à igualdade, à segurança e à propriedade, nos termos seguintes:

I. homens e mulheres são iguais em direitos e obrigações, nos termos desta Constituição;

II. ninguém será obrigado a fazer ou deixar de fazer alguma coisa senão em virtude de lei;

III. ninguém será submetido a tortura nem a tratamento desumano ou degradante;

IV. é livre a manifestação do pensamento, sendo vedado o anonimato;

V. é assegurado o direito de resposta, proporcional ao agravo, além da indenização por dano material, moral ou à imagem;

VI. é inviolável a liberdade de consciência e de crença, sendo assegurado o livre exercício dos cultos religiosos e garantida, na forma da lei, a proteção aos locais de culto e a suas liturgias;

VII. é assegurada, nos termos da lei, a prestação de assistência religiosa nas entidades civis e militares de internação coletiva;

VIII. ninguém será privado de direitos por motivo de crença religiosa ou de convicção filosófica ou política, salvo se as invocar para eximir-se de obrigação legal a todos imposta e recusar-se a cumprir prestação alternativa, fixada em lei;

IX. é livre a expressão da atividade intelectual, artística, científica e de comunicação, independentemente de censura ou licença;

X. são invioláveis a intimidade, a vida privada, a honra e a imagem das pessoas, assegurado o direito a indenização pelo dano material ou moral decorrente de sua violação;

XI. a casa é asilo inviolável do indivíduo, ninguém nela podendo penetrar sem consentimento do morador, salvo em caso de flagrante delito ou desastre, ou para prestar socorro, ou, durante o dia, por determinação judicial;

XII. é inviolável o sigilo da correspondência e das comunicações telegráficas, de dados e das comunicações telefônicas, salvo, no último caso, por ordem judicial, nas hipóteses e na forma que a lei estabelecer para fins de investigação criminal ou instrução processual penal; (Vide Lei nº 9.296, de 1996)

XIII. é livre o exercício de qualquer trabalho, ofício ou profissão, atendidas as qualificações profissionais que a lei estabelecer;

XIV. é assegurado a todos o acesso à informação e resguardado o sigilo da fonte, quando necessário ao exercício profissional;

XV. é livre a locomoção no território nacional em tempo de paz, podendo qualquer pessoa, nos termos da lei, nele entrar, permanecer ou dele sair com seus bens;

XVI. todos podem reunir-se pacificamente, sem armas, em locais abertos ao público, independentemente de autorização, desde que não frustrem outra reunião anteriormente convocada para o mesmo local, sendo apenas exigido prévio aviso à autoridade competente;

XVII. é plena a liberdade de associação para fins lícitos, vedada a de caráter paramilitar;

XVIII. a criação de associações e, na forma da lei, a de cooperativas independem de autorização, sendo vedada a interferência estatal em seu funcionamento;

XIX. as associações só poderão ser compulsoriamente dissolvidas ou ter suas atividades suspensas por decisão judicial, exigindo-se, no primeiro caso, o trânsito em julgado;

XX. ninguém poderá ser compelido a associar-se ou a permanecer associado;

XXI. as entidades associativas, quando expressamente autorizadas, têm legitimidade para representar seus filiados judicial ou extrajudicialmente;

XXII. é garantido o direito de propriedade;

XXIII. a propriedade atenderá a sua função social;

XXIV. a lei estabelecerá o procedimento para desapropriação por necessidade ou utilidade pública, ou por interesse social, mediante justa e prévia indenização em dinheiro, ressalvados os casos previstos nesta Constituição;

XXV. no caso de iminente perigo público, a autoridade competente poderá usar de propriedade particular, assegurada ao proprietário indenização ulterior, se houver dano;

XXVI. a pequena propriedade rural, assim definida em lei, desde que trabalhada pela família, não será objeto de penhora para pagamento de débitos decorrentes de sua atividade produtiva, dispondo a lei sobre os meios de financiar o seu desenvolvimento;

XXVII. aos autores pertence o direito exclusivo de utilização, publicação ou reprodução de suas obras, transmissível aos herdeiros pelo tempo que a lei fixar;

XXVIII. são assegurados, nos termos da lei:

a) a proteção às participações individuais em obras coletivas e à reprodução da imagem e voz humanas, inclusive nas atividades desportivas;

b) o direito de fiscalização do aproveitamento econômico das obras que criarem ou de que participarem aos criadores, aos intérpretes e às respectivas representações sindicais e associativas;

XXIX. a lei assegurará aos autores de inventos industriais privilégio temporário para sua utilização, bem como proteção às criações industriais, à propriedade das marcas, aos nomes de empresas e a outros signos distintivos, tendo em vista o interesse social e o desenvolvimento tecnológico e econômico do País;

XXX. é garantido o direito de herança;

XXXI. a sucessão de bens de estrangeiros situados no País será regulada pela lei brasileira em benefício do cônjuge ou dos filhos brasileiros, sempre que não lhes seja mais favorável a lei pessoal do "de cujus";

XXXII. o Estado promoverá, na forma da lei, a defesa do consumidor;

XXXIII. todos têm direito a receber dos órgãos públicos informações de seu interesse particular, ou de interesse coletivo ou geral, que serão prestadas no prazo da lei, sob pena de responsabilidade, ressalvadas aquelas cujo sigilo seja imprescindível à segurança da sociedade e do Estado; (Regulamento) (Vide Lei nº 12.527, de 2011)

XXXIV. são a todos assegurados, independentemente do pagamento de taxas:

a) o direito de petição aos Poderes Públicos em defesa de direitos ou contra ilegalidade ou abuso de poder;

b) a obtenção de certidões em repartições públicas, para defesa de direitos e esclarecimento de situações de interesse pessoal;

XXXV. a lei não excluirá da apreciação do Poder Judiciário lesão ou ameaça a direito;

XXXVI. a lei não prejudicará o direito adquirido, o ato jurídico perfeito e a coisa julgada;

XXXVII. não haverá juízo ou tribunal de exceção;

XXXVIII. é reconhecida a instituição do júri, com a organização que lhe der a lei, assegurados:

a) a plenitude de defesa;

b) o sigilo das votações;

c) a soberania dos veredictos;

d) a competência para o julgamento dos crimes dolosos contra a vida;

XXXIX. não há crime sem lei anterior que o defina, nem pena sem prévia cominação legal;

XL. a lei penal não retroagirá, salvo para beneficiar o réu;

XLI. a lei punirá qualquer discriminação atentatória dos direitos e liberdades fundamentais;

XLII. a prática do racismo constitui crime inafiançável e imprescritível, sujeito à pena de reclusão, nos termos da lei;

XLIII. a lei considerará crimes inafiançáveis e insuscetíveis de graça ou anistia a prática da tortura, o tráfico ilícito de entorpecentes e drogas afins, o terrorismo e os definidos como crimes hediondos, por eles respondendo os mandantes, os executores e os que, podendo evitá-los, se omitirem;

XLIV. constitui crime inafiançável e imprescritível a ação de grupos armados, civis ou militares, contra a ordem constitucional e o Estado Democrático;

XLV. nenhuma pena passará da pessoa do condenado, podendo a obrigação de reparar o dano e a decretação do perdimento de bens ser, nos termos da lei, estendidas aos sucessores e contra eles executadas, até o limite do valor do patrimônio transferido;

XLVI. a lei regulará a individualização da pena e adotará, entre outras, as seguintes:

a) privação ou restrição da liberdade;

b) perda de bens;

c) multa;

d) prestação social alternativa;

e) suspensão ou interdição de direitos;

XLVII. não haverá penas:

a) de morte, salvo em caso de guerra declarada, nos termos do artigo 84, XIX;

b) de caráter perpétuo;

c) de trabalhos forçados;

d) de banimento;

e) cruéis;

XLVIII. a pena será cumprida em estabelecimentos distintos, de acordo com a natureza do delito, a idade e o sexo do apenado;

XLIX. é assegurado aos presos o respeito à integridade física e moral;

L. às presidiárias serão asseguradas condições para que possam permanecer com seus filhos durante o período de amamentação;

LI. nenhum brasileiro será extraditado, salvo o naturalizado, em caso de crime comum, praticado antes da naturalização, ou de comprovado envolvimento em tráfico ilícito de entorpecentes e drogas afins, na forma da lei;

LII. não será concedida extradição de estrangeiro por crime político ou de opinião;

LIII. ninguém será processado nem sentenciado senão pela autoridade competente;

LIV. ninguém será privado da liberdade ou de seus bens sem o devido processo legal;

LV. aos litigantes, em processo judicial ou administrativo, e aos acusados em geral são assegurados o contraditório e ampla defesa, com os meios e recursos a ela inerentes;

LVI. são inadmissíveis, no processo, as provas obtidas por meios ilícitos;

LVII. ninguém será considerado culpado até o trânsito em julgado de sentença penal condenatória;

LVIII. o civilmente identificado não será submetido a identificação criminal, salvo nas hipóteses previstas em lei; (Regulamento).

LIX. será admitida ação privada nos crimes de ação pública, se esta não for intentada no prazo legal;

LX. a lei só poderá restringir a publicidade dos atos processuais quando a defesa da intimidade ou o interesse social o exigirem;

LXI. ninguém será preso senão em flagrante delito ou por ordem escrita e fundamentada de autoridade judiciária competente, salvo nos casos de transgressão militar ou crime propriamente militar, definidos em lei;

LXII. a prisão de qualquer pessoa e o local onde se encontre serão comunicados imediatamente ao juiz competente e à família do preso ou à pessoa por ele indicada;

LXIII. o preso será informado de seus direitos, entre os quais o de permanecer calado, sendo-lhe assegurada a assistência da família e de advogado;

LXIV. o preso tem direito à identificação dos responsáveis por sua prisão ou por seu interrogatório policial;

LXV. a prisão ilegal será imediatamente relaxada pela autoridade judiciária;

LXVI. ninguém será levado à prisão ou nela mantido, quando a lei admitir a liberdade provisória, com ou sem fiança;

LXVII. não haverá prisão civil por dívida, salvo a do responsável pelo inadimplemento voluntário e inescusável de obrigação alimentícia e a do depositário infiel;

LXVIII. conceder-se-á "habeas-corpus" sempre que alguém sofrer ou se achar ameaçado de sofrer violência ou coação em sua liberdade de locomoção, por ilegalidade ou abuso de poder;

LXIX. conceder-se-á mandado de segurança para proteger direito líquido e certo, não amparado por "habeas-corpus" ou "habeas-data", quando o responsável pela ilegalidade ou abuso de poder for autoridade pública ou agente de pessoa jurídica no exercício de atribuições do Poder Público;

LXX. o mandado de segurança coletivo pode ser impetrado por:

a) partido político com representação no Congresso Nacional;

b) organização sindical, entidade de classe ou associação legalmente constituída e em funcionamento há pelo menos um ano, em defesa dos interesses de seus membros ou associados;

LXXI. conceder-se-á mandado de injunção sempre que a falta de norma regulamentadora torne inviável o exercício dos direitos e liberdades constitucionais e das prerrogativas inerentes à nacionalidade, à soberania e à cidadania;

LXXII. conceder-se-á "habeas-data":

a) para assegurar o conhecimento de informações relativas à pessoa do impetrante, constantes de registros ou bancos de dados de entidades governamentais ou de caráter público;

b) para a retificação de dados, quando não se prefira fazê-lo por processo sigiloso, judicial ou administrativo;

LXXIII. qualquer cidadão é parte legítima para propor ação popular que vise a anular ato lesivo ao patrimônio público ou de entidade de que o Estado participe, à moralidade administrativa, ao meio ambiente e ao patrimônio histórico e cultural, ficando o autor, salvo comprovada má-fé, isento de custas judiciais e do ônus da sucumbência;

LXXIV. o Estado prestará assistência jurídica integral e gratuita aos que comprovarem insuficiência de recursos;

LXXV. o Estado indenizará o condenado por erro judiciário, assim como o que ficar preso além do tempo fixado na sentença;

LXXVI. são gratuitos para os reconhecidamente pobres, na forma da lei:

a) o registro civil de nascimento;

b) a certidão de óbito;

LXXVII. são gratuitas as ações de "habeas-corpus" e "habeas-data", e, na forma da lei, os atos necessários ao exercício da cidadania. (Regulamento)

LXXVIII. a todos, no âmbito judicial e administrativo, são assegurados a razoável duração do processo e os meios que garantam a celeridade de sua tramitação. (Incluído pela Emenda Constitucional nº 45, de 2004)

Fique de olho!

As normas definidoras dos direitos e garantias fundamentais têm aplicação imediata.

Os direitos e garantias expressos na CF/88 não excluem outros decorrentes do regime e dos princípios por ela adotados, ou dos tratados internacionais em que a República Federativa do Brasil faça parte.

Os tratados e convenções internacionais sobre direitos humanos que forem aprovados, em cada Casa do Congresso Nacional, em dois turnos, por três quintos dos votos dos respectivos membros, serão equivalentes às emendas constitucionais.

O Brasil se submete à jurisdição de Tribunal Penal Internacional a cuja criação tenha manifestado adesão.

2.2.5 Direitos sociais

A Constituição Federal (CF/88), do artigo 6º ao 11, trata dos Direitos Sociais, outra relevante artéria da plenitude da cidadania. Acompanhe a seguir:

São direitos sociais: a educação, a saúde, a alimentação, o trabalho, a moradia, o lazer, a segurança, a previdência social, a proteção à maternidade e à infância, a assistência aos desamparados.

2.2.5.1 Direitos dos Trabalhadores Urbanos e Rurais

São direitos dos trabalhadores urbanos e rurais, além de outros que visem à melhoria de sua condição social:

- relação de emprego protegida contra despedida arbitrária ou sem justa causa, nos termos de lei complementar, que preverá indenização compensatória, dentre outros direitos;
- seguro-desemprego, em caso de desemprego involuntário;
- fundo de garantia do tempo de serviço;
- salário mínimo, fixado em lei, nacionalmente unificado, capaz de atender a suas necessidades vitais básicas e às de sua família com moradia, alimentação, educação, saúde, lazer, vestuário, higiene, transporte e previdência social, com reajustes periódicos que lhe preservem o poder aquisitivo, sendo vedada sua vinculação para qualquer fim;
- piso salarial proporcional à extensão e à complexidade do trabalho;
- irredutibilidade do salário, salvo o disposto em convenção ou acordo coletivo;
- garantia de salário, nunca inferior ao mínimo, para os que percebem remuneração variável;
- décimo terceiro salário com base na remuneração integral ou no valor da aposentadoria;
- remuneração do trabalho noturno superior à do diurno;
- proteção do salário na forma da lei, constituindo crime sua retenção dolosa;
- participação nos lucros, ou resultados, desvinculada da remuneração, e, excepcionalmente, participação na gestão da empresa, conforme definido em lei;

- salário-família pago em razão do dependente do trabalhador de baixa renda nos termos da lei;
- duração do trabalho normal não superior a oito horas diárias e quarenta e quatro semanais, facultada a compensação de horários e a redução da jornada, mediante acordo ou convenção coletiva de trabalho;
- jornada de seis horas para o trabalho realizado em turnos ininterruptos de revezamento, salvo negociação coletiva;
- repouso semanal remunerado, preferencialmente aos domingos;
- remuneração do serviço extraordinário superior, no mínimo, em cinquenta por cento à do normal;
- gozo de férias anuais remuneradas com, pelo menos, um terço a mais do que o salário normal;
- licença à gestante, sem prejuízo do emprego e do salário, com a duração de cento e vinte dias;
- licença-paternidade, nos termos fixados em lei;
- proteção do mercado de trabalho da mulher, mediante incentivos específicos, nos termos da lei;
- aviso prévio proporcional ao tempo de serviço, sendo no mínimo de trinta dias, nos termos da lei;
- redução dos riscos inerentes ao trabalho, por meio de normas de saúde, higiene e segurança;
- adicional de remuneração para as atividades penosas, insalubres ou perigosas, na forma da lei;
- aposentadoria;
- assistência gratuita aos filhos e dependentes desde o nascimento até 5 (cinco) anos de idade em creches e pré-escolas;
- reconhecimento das convenções e acordos coletivos de trabalho;
- proteção em face da automação, na forma da lei;
- seguro contra acidentes de trabalho, a cargo do empregador, sem excluir a indenização a que este está obrigado, quando incorrer em dolo ou culpa;
- ação, quanto aos créditos resultantes das relações de trabalho, com prazo prescricional de cinco anos para os trabalhadores urbanos e rurais, até o limite de dois anos após a extinção do contrato de trabalho;
- proibição de diferença de salários, de exercício de funções e de critério de admissão por motivo de sexo, idade, cor ou estado civil;
- proibição de qualquer discriminação no tocante a salário e critérios de admissão do trabalhador portador de deficiência;
- proibição de distinção entre trabalho manual, técnico e intelectual ou entre os profissionais respectivos;
- proibição de trabalho noturno, perigoso ou insalubre a menores de dezoito e de qualquer trabalho a menores de dezesseis anos, salvo na condição de aprendiz, a partir de quatorze anos;
- igualdade de direitos entre o trabalhador com vínculo empregatício permanente e o trabalhador avulso.

Figura 2.4 - Com a equiparação ao trabalhador urbano, os trabalhadores rurais agora, desenvolvem suas atividades satisfeitos pela grande conquista.

2.2.5.2 Direitos dos Trabalhadores Domésticos

São assegurados à categoria dos trabalhadores domésticos, além da sua integração à previdência social, os seguintes direitos:

» salário mínimo, fixado em lei, nacionalmente unificado, capaz de atender a suas necessidades vitais básicas e às de sua família com moradia, alimentação, educação, saúde, lazer, vestuário, higiene, transporte e previdência social, com reajustes periódicos que lhe preservem o poder aquisitivo, sendo vedada sua vinculação para qualquer fim;

» irredutibilidade do salário, salvo o disposto em convenção ou acordo coletivo;

» décimo terceiro salário com base na remuneração integral ou no valor da aposentadoria;

» repouso semanal remunerado, preferencialmente aos domingos;

» gozo de férias anuais remuneradas com, pelo menos, um terço a mais do que o salário normal;

» licença à gestante, sem prejuízo do emprego e do salário, com a duração de cento e vinte dias;

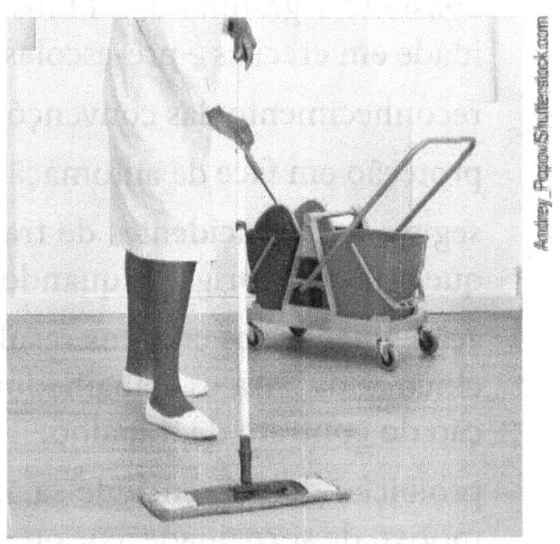

Figura 2.5 - Através da PEC das domésticas, é garantido a essas trabalhadoras direitos que a muito tempo ficaram esquecidos, uma grande conquista para essa classe.

» licença-paternidade, nos termos fixados em lei;

» aviso prévio proporcional ao tempo de serviço, sendo no mínimo de trinta dias, nos termos da lei;

» aposentadoria.

2.2.5.3 Associação sindical

É livre a associação profissional ou sindical, observado o seguinte:

» a lei não poderá exigir autorização do Estado para a fundação de sindicato, ressalvado o registro no órgão competente, vedadas ao Poder Público a interferência e a intervenção na organização sindical;

» é vedada a criação de mais de uma organização sindical, em qualquer grau, representativa de categoria profissional ou econômica, na mesma base territorial, que será definida pelos trabalhadores ou empregadores interessados, não podendo ser inferior à área de um Município;

» ao sindicato cabe a defesa dos direitos e interesses coletivos ou individuais da categoria, inclusive em questões judiciais ou administrativas;

» a assembleia geral fixará a contribuição que, em se tratando de categoria profissional, será descontada em folha, para custeio do sistema confederativo da representação sindical respectiva, independentemente da contribuição prevista em lei;

» ninguém será obrigado a filiar-se ou a manter-se filiado a sindicato;

» é obrigatória a participação dos sindicatos nas negociações coletivas de trabalho;

» o aposentado filiado tem direito a votar e ser votado nas organizações sindicais;

» é vedada a dispensa do empregado sindicalizado a partir do registro da candidatura a cargo de direção ou representação sindical e, se eleito, ainda que suplente, até um ano após o final do mandato, salvo se cometer falta grave nos termos da lei.

Fique de olho!

As disposições deste artigo aplicam-se à organização de sindicatos rurais e de colônias de pescadores, atendidas as condições que a lei estabelecer.

2.2.5.4 Direito de greve

É assegurado o direito de greve, competindo aos trabalhadores decidir sobre a oportunidade de exercê-lo e sobre os interesses que devam por meio dele defender.

Figura 2.6 - Através da lei nº 7.783 , de 28 de junho de 1989 fica assegurado o direito de greve. No Brasil, as greves tiveram início no século XIX, sendo a Greve Geral de 1917 do século XX considerada um marco importante na história do movimento operário brasileiro.

» A lei definirá os serviços ou atividades essenciais e disporá sobre o atendimento das necessidades inadiáveis da comunidade;

» Os abusos cometidos sujeitam os responsáveis às penas da lei.

É assegurada a participação dos trabalhadores e empregadores nos colegiados dos órgãos públicos em que seus interesses profissionais ou previdenciários sejam objeto de discussão e deliberação.

Nas empresas de mais de duzentos empregados, é assegurada a eleição de um representante destes com a finalidade exclusiva de promover-lhes o entendimento direto com os empregadores.

2.3 Cidadania e liderança organizacional

A cidadania organizacional rege a relação de direitos e deveres entre o homem e seu ambiente profissional. Trata dos comportamentos de satisfação e inquietação dos empregados durante as atividades laborativas realizadas no expediente de trabalho na empresa, indústria etc.

O conceito de cidadania organizacional extravasa os limites de hierarquia e subordinação entre chefe e subordinado, para atingir o respeito mútuo entre um líder e colaborador, em que cada um conhece suas atribuições, direitos e deveres, e de acordo com uma política de qualidade preestabelecida, desenvolve funções e executa tarefas de tal forma a atingir com eficácia os valores pregados pela organização.

auremar/Shutterstock.com

Figura 2.7 - Para promover a cidadania organizacional, é fundamental que a relação entre a liderança e colaborador seja baseada no respeito mútuo. Líderes que não sabem lidar com as diferenças, com baixa produtividade e com o erro, e que descontam a raiva no colaborador, influenciam a insatisfação tornando o ambiente menos colaborativo para o cidadão organizacional.

2.3.1 Comportamento organizacional

Apesar de ser atribuída a Bateman e Organ (1983), a introdução da expressão *comportamentos de cidadania* na literatura do comportamento organizacional, com a visão do trabalhador como cidadão organizacional, é fruto do pensamento de Kartz e Kahn (1978), que pregavam que o funcionamento efetivo de um sistema de trabalho depende, pelo menos, de três classes principais de atividades de seus membros trabalhadores:

» ingressar e permanecer no sistema de que participa;

» apresentar desempenho que satisfaça ou exceda padrões qualitativos e quantitativos estabelecidos pelo sistema;

» desempenhar comportamentos inovadores e espontâneos, além dos requisitos do papel a que estão investidos.

E ainda, considerando as inovações tecnológicas e as mudanças constantes do ser humano ao longo dos últimos anos: novas doenças profissionais (estresse e depressão), problemas conjugais no casamento, criminalidade etc., podemos acrescentar uma quarta classe de atividade que influencia o comportamento organizacional:

» respeito pelos problemas emocionais do trabalhador.

A nova classe surge em virtude da mudança do velho paradigma:

> ["Problemas particulares não devem ser levados para o local de trabalho ou vice--versa."]

Na teoria, esse paradigma é muito bonito, porém na prática é uma triste infelicidade para o bom desempenho profissional, bem como para a segurança do trabalho e a qualidade de vida.

Quantos acidentes ocorrem diariamente com profissionais que laboram em prensas (movimentos repetitivos de risco), quando se deparam com problemas pessoais difíceis de dosar, e ficam tão pouco tempo afastados do trabalho. Por exemplo, a perda de um ente muito querido, a perda de um filho para as drogas, a desilusão de um amor traiçoeiro, entre tantos outros. São problemas que o tempo não consegue levar.

Cabe ao empregador, sabedor de tais problemas, fazer uma rotatividade de função, proporcionar palestras de motivação, de bem-estar, conscientizar seus funcionários com a ajuda de profissionais competentes (psicólogos e psiquiatras) para uma vida melhor, em vez de cobrar somente resultados, metas a cumprir ou até mesmo demiti-los (rescisão do contrato de trabalho).

2.3.2 Absenteísmo

A palavra *absenteísmo* (português brasileiro) ou *absentismo* (português europeu) é usada para designar as ausências dos empregados no expediente de trabalho, seja por falta ou atraso (justificados ou não).

O fenômeno do absenteísmo é a principal causa da baixa produtividade em inúmeras organizações públicas e privadas. No setor público, em virtude da estabilidade garantida pela Constituição Federal (CF/88), o índice de absenteísmo por faltas ou atrasos justificados é superior ao das empresas privadas.

2.3.2.1 Causas do absenteísmo

São razões que levam ao absenteísmo:

» doenças;

» acidentes de trabalho;

» direitos legais (doação de sangue, participação em júris ou eleições, licença-maternidade, entre outros);

» fatores sociais (doença de familiares, viagens);

» fatores culturais (emendar feriados, feriados religiosos não oficiais);

» fatores emocionais (perda de um ente querido, desilusão de um amor traiçoeiro);

» faltas e atrasos injustificados.

2.3.2.2 Cálculo do absenteísmo

Há várias formas de calcular o absenteísmo, mas, de maneira simples, pode-se utilizar a seguinte fórmula:

Tabela 2.1 - Cálculo do índice de absenteísmo

$$Ia = \frac{Nhp \times 100}{Nhe}$$	Em que: **Ia** = índice de absenteísmo **Nhp** = número de horas perdidas **Nhe** = número de horas estabelecidas

2.3.3 Satisfação no trabalho

Estudos provaram que uma característica pessoal, apontada como possível desencadeadora de atos de cidadania organizacional, é o ânimo do indivíduo.

Pessoas alegres passam uma sensação natural de prosperidade, conquista, garra e perseverança, algo essencial para o êxito dos objetivos da organização. O pressuposto básico para firmar tal hipótese seria a de que pessoas com um estado positivo de ânimo (felizes) sentem-se mais dispostas a auxiliar, oferecer ajuda ou socorrer outras pessoas (trabalho em equipe) do que aquelas amarguradas, que demonstram ânimo negativo, sentimento de ódio, ira etc.

Sabe-se que o estado negativo de ânimo pode gerar prejuízos que influenciam a mudança para um estado de ânimo positivo, se o indivíduo assim desejar. Por exemplo, quando o funcionário se machuca no trabalho por não ter observado as normas de segurança da empresa (ânimo negativo) e, para evitar futuros acidentes, começa a valorizar as normas para um trabalho mais seguro (ânimo positivo).

Estudos demonstram que uma organização cujos funcionários estão satisfeitos com o local de trabalho proporciona clientes felizes e, por consequência, uma empresa produtiva e próspera, tanto de forma econômica quanto social.

Foto: Arquivo

Figura 2.8 - **A satisfação no trabalho representada pela alegria de um grupo de profissionais da área de segurança do trabalho.**

2.3.4 Controle do tempo

A cidadania organizacional preocupa-se com o controle do tempo, em virtude da relevância que esse fator exerce na vida da organização (produção) e do funcionário (horas trabalhadas).

A organização humana é fundamental para o desenvolvimento do sistema empresarial. A desorganização e a ausência de autodisciplina são fatores que contribuem para a falta de tempo no trabalho, o que se manifesta inicialmente com mesa e arquivos desarrumados, papéis acumulados nas mesas e pastas "amontoadas" nas estantes. A desorganização prejudica o bom andamento dos trabalhos e afeta o tempo despendido nas tarefas.

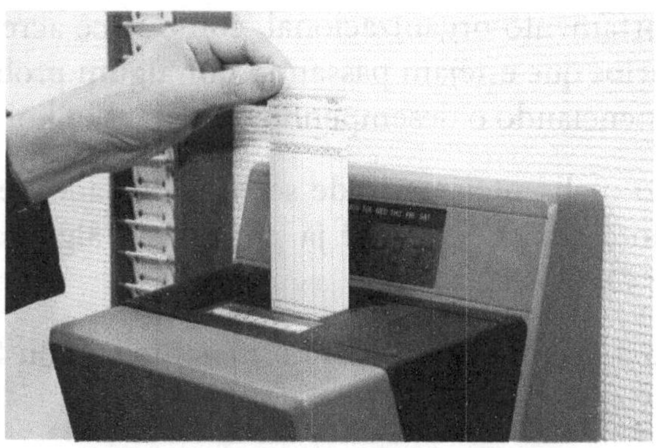

Alexey Stiop/Shutterstock.com

Figura 2.9 - **Funcionário registra o horário de entrada em relógio de ponto.**

2.3.5 Situações de iniquidade

Podemos definir como situação de iniquidade todo fator pessoal em que o indivíduo percebe desigualdade entre os investimentos pessoais e os resultados auferidos numa determinada organização (empresa). Por exemplo, quando o trabalhador exerce suas atribuições com dedicação, assiduidade e profissionalismo e não recebe salário, ou recebe faltando alguma gratificação, benefício etc.

Alguns estudiosos de cidadania organizacional (Organ, 1988a, 1988b; Moorman, 1991) supõem que, em situações de iniquidade, os gestos de cidadania poderiam ser preferencialmente escolhidos pelos trabalhadores como forma de resposta a uma situação de desequilíbrio entre investimentos e resultados obtidos nas relações de trabalho em organizações, conforme visto no exemplo anterior.

Vamos recapitular?

No decorrer deste capítulo aprendemos os fundamentos de cidadania para uma vida melhor e mais justa, assim como a Declaração Universal dos Direitos Humanos.

Vimos que a cidadania atinge sua plenitude quando são observados por todos (homens, mulheres, governo) os direitos e deveres pregados pelo artigo 5º da Constituição Federal (CF/88). Nesse artigo encontramos os direitos e deveres mais importantes para um convívio social mais humano e justo a todos àqueles que almejam uma vida melhor.

E vimos também que a cidadania organizacional preocupa-se com o controle do tempo, em virtude da relevância que esse fator exerce na vida da organização (produção) e do funcionário (horas trabalhadas).

Agora é com você!

1) Em sua opinião qual a importância da cidadania?

2) Sobre o comportamento organizacional, como você acredita que uma empresa deva tratar funcionários que estejam passando por algum problema particular e que claramente está influenciando o desempenho de seu trabalho?

3) Em sua opinião o absenteísmo pode ser influenciado de alguma forma pela relação do subordinado e seu chefe? Você já presenciou alguma situação que influenciasse faltas e atrasos? Descreva.

4) Na sua opinião a cidadania brasileira está completa, ou falta alguns direitos a serem incluídos?

5) Cite três direitos dos trabalhadores urbanos e rurais.

3

Ética Profissional

Para começar

Este capítulo ensina os conceitos mais relevantes sobre ética e moral na atualidade, bem como sua evolução histórica, princípios fundamentais, paradigmas e polêmicas. Traz na íntegra o Código de Ética do Administrador, comentários técnicos a respeito de todos os outros códigos de ética e das demais profissões regulamentadas pelo Ministério do Trabalho e Emprego (MTE).

3.1 Conceitos básicos

A ética é definida, de uma forma ampla, como a explicitação teórica dos comportamentos morais do agir humano, na busca do bem comum e da realização individual. A ética profissional, sem sombra de dúvidas, é uma das áreas desse conhecimento mais importante para o ambiente organizacional, pois estuda os comportamentos morais praticados tanto pelo empregador quanto pelo empregado nas relações trabalhistas.

O trabalhador de qualquer área, no exercício da sua profissão, precisa ter compromisso moral com o indivíduo, cliente, empregador, organização e com a sociedade, com deveres e responsabilidades indelegáveis. Deve cumprir as obrigações e os deveres impostos pelo empregador, bem como pela profissão que escolheu exercer.

Os valores empresariais constituem a referência que deve inspirar a conduta de todos os empregados e empregadores em qualquer ambiente organizacional, e eles devem basear-se no respeito mútuo entre todas as pessoas (empregado, empregador, clientes, fornecedores) envolvidas com a atividade fim da empresa perante a sociedade como um todo.

Este capítulo mostra um pouco desse complexo ramo de conhecimento. Traz definições de costumes, moral e ética de forma simples e objetiva. Comenta com linguagem didática a ética nas profissões atuais, o Código de Ética dos Profissionais de Administração (CEPA) aprovado pela Resolução Normativa CFA 393, de 6 de dezembro de 2010, bem como as normas regulamentadoras das demais profissões regulamentadas pelo Ministério do Trabalho e Emprego (MTE).

3.2 Liderança e ética profissional

A liderança tem papel fundamental nas organizações, ela é capaz de influenciar o clima organizacional da empresa e de motivar a sua equipe de trabalho. Líder não é aquele que abusa do poder, e sim aquele que se torna um funcionário capaz de tornar o ambiente mais produtivo e que influencia a sua equipe de forma solidária e positiva.

A ética também deve estar presente na figura da liderança, tendo em vista, a finalidade do cargo. Um líder deve ser justo, honesto e imparcial, ou seja, jamais criar distinções entre os colaboradores, seja por qualquer motivo. E, sempre que possível pensar no bem estar de todos, tanto da empresa, colaboradores, fornecedores e clientes.

Para Maximiano (2000), "estilo de liderança é a forma como o líder se relaciona com os integrantes da equipe, seja em interações grupais ou pessoas a pessoas".

Durante os anos, a presença de um líder autoritário, que visava apenas o lucro, vem mudando perante a sociedade. Líderes hoje são capazes de tirar o melhor de todos da sua equipe, sem abusar de seus comandados.

A doutrina dominante que norteia a área, classifica os líderes em três categorias práticas: estilo autocrático, estilo democrático e estilo liberal. Veja a seguir, suas principais características:

Estilo autocrático

No estilo autocrático, as decisões do líder não são fundamentadas pelas opiniões de seus liderados ou subordinados, e muito menos discutidas com os demais. Nesse estilo de liderança, a autoridade está concentrada no líder.

Estilo democrático

Ao contrário do autocrático, o líder democrático acredita no compartilhamento de ideias, sugestões, críticas, etc. Tem como principal característica, ouvir com serenidade os seus liderados, envolvendo-os nos processos de decisão e controle. Sempre na esperança de alcançar o bem estar para todos.

Estilo liberal

Como o próprio nome indica, o líder liberal tem por costume transferir seu poder de comando para os seus liderados ou subordinados, abdicando de forma contínua e natural suas atribuições de liderar ou comandar equipes.

3.3 Costumes, moral e ética

3.3.1 Conceito de costumes

De forma simples e didática podemos definir como costume as manifestações de comportamento (condutas) praticadas por um povo, numa determinada localidade e região, de forma reiterada e constante, seguidas por uma convicção de obrigatoriedade comum a todos imposta.

Os costumes são as atitudes culturais de uma sociedade. A partir da sua repetição, constituem-se regras que, embora não escritas como as leis, tornam-se observáveis, obrigatórias para todos aqueles que buscam um convívio social sadio, em que o interesse coletivo se sobrepõe aos interesses individuais.

a) A definição de costume é um pouco complexa, pois para que ele seja reconhecido como tal, são necessários três elementos essenciais: w

b) que seja constante, pois fatos esporádicos, que ocorrem uma vez ou outra, não são considerados costumes;

c) que seja moral, ou seja, os costumes não podem contrariar a moral ou os bons hábitos praticados por uma sociedade;

d) que seja obrigatório, isto é, que não seja facultativa a vontade das partes interessadas.

3.3.2 Conceito de moral

Podemos definir como moral o conjunto de valores, normas e de noções práticas do que é certo ou errado, proibido ou permitido, dentro de uma determinada sociedade organizada.

A moral pertence ao domínio da prática, ou seja, refere-se aos comportamentos bons ou maus praticados pela sociedade. Por exemplo, o ato moral de ficar nu em uma praia de nudismo é permitido pela comunidade local e totalmente proibido numa praia comum ou outro lugar público.

Conforme podemos perceber no exemplo anterior, a moral estabelece princípios, normas e regras de comportamento de determinada sociedade. O que pode ser moral num lugar pode ser imoral em outro; vai depender da cultura cristalizada de cada lugar.

As regras morais são anteriores a nós, ou seja, logo ao nascer já herdamos da sociedade normas morais do que é correto e justo. Somos educados conforme a cultura do bem e do mal, cabendo a cada um de nós refletir se as aceitamos ou não.

Considerando que as sociedades são dinâmicas (mudam constantemente), a moral não permanece congelada, mas transforma-se a cada dia; outros valores se estabelecem e alguns deles se tornam costumes que, após alguns anos, deixam de ser questionados e passam a ser encarados como naturais.

3.3.3 Conceito de ética

Definir ética não é tarefa fácil. Até mesmo para os especialistas no assunto há divergências quanto à definição e seu real sentido. Esta obra aprofunda-se neste complexo tema, utilizando a definição pregada pela grande maioria de estudiosos dessa relevante ciência do conhecimento.

Enquanto a moral estabelece princípios, normas e regras de comportamentos aplicados ao domínio da prática, a ética pertence ao domínio da teoria. Ela é a mais pura reflexão sobre a moral.

A ética, como parte da filosofia, indaga:

a) a pura essência, a origem e as condições físicas, psíquicas e sociais em que se realizam os atos morais;

b) a natureza, a função e os parâmetros do julgamento moral, do que é certo ou errado, bom ou mau, justo ou injusto;

c) como nascem e por que se sucedem diferentes sistemas morais etc.

Fique de olho!

Ética é a ciência que estuda, questiona e reflete os comportamentos físicos, psíquicos e sociais praticados contra uma sociedade organizada, com preceitos, normas e regras preestabelecidas, de forma a atingir um convívio social mais justo.

Quando refletimos sobre nossos atos e comportamentos morais, avaliando-os, indagando-os ou julgando-os, passamos do plano da prática, que é a moral propriamente dita, (moral efetiva, vivida) para o domínio da teoria moral. Em outras palavras, caminhamos para o conceito de ética.

Ética são os puros julgamentos morais do que é bom ou ruim, certo ou errado, justo ou injusto, honesto ou desonesto.

3.3.4 Ética nas profissões

A ética está presente em todos os lugares onde há um convívio social. Num ambiente de trabalho não é diferente; haverá uma organização traçando normas, regras e preceitos de convívio social de forma a atingir a excelência empresarial e profissional.

Em cada profissão há um interesse social a alcançar. Por exemplo, o médico, por meio de seus conhecimentos de saúde, busca constantemente a cura de um enfermo que se encontra sob seus cuidados. O advogado busca incessantemente, usando seus conhecimentos jurídicos e do devido processo legal, os direitos de seu cliente e assim por diante.

Embora cada profissão regulamentada exija seu próprio código de ética, com atribuições, direitos e deveres específicos a cada ramo de atividade, existe uma série de preceitos e princípios éticos que são norteadores, senão em todas, na grande maioria das profissões, a saber:

1) Compromisso de confiança, ou seja, o dever de manter segredo sobre fatos sigilosos de que tiver conhecimento em decorrência de privilégios do cargo ou de sua atividade profissional, e que só poderão ser divulgados por ordem judicial ou outra situação relevante prevista em lei.

2) Dever de proceder de forma justa, zelosa, correta e honesta no exercício das atividades profissionais, de modo a inspirar respeito e contribuir para o prestígio da categoria profissional a que pertence.

Zurijeta/Shutterstock.com

Figura 3.1 - Lealdade, respeito e honestidade entre dois funcionários.

3) Lealdade e honestidade em relação aos colegas de profissão, tratando-os com o mais puro respeito, consideração e estima, em que a solidariedade do trabalho em equipe sobrepõe-se aos interesses individuais.

4) Notificar, antes de qualquer providência, o colega infrator de ter infringido dever funcional, penalidades e renúncias que contrariam o respectivo código de ética, dando oportunidade de ampla defesa, e imediata correção do erro.

Fique de olho!

Caso o colega desconsidere uma notificação, deve-se denunciar aos respectivos conselhos de classe, bem como às autoridades públicas, irregularidades por ele cometidas e que contrariem a ética profissional.

5) Manter-se constantemente atualizado, aprimorar seus conhecimentos, desenvolver suas competências de modo a melhor atender aos que procuram seus serviços profissionais.

6) Denunciar ao poder público qualquer forma de dano ao meio ambiente ou prejuízo à saúde e à vida das pessoas.

7) Proteger o bem público, estimulando sempre a conscientização de preservar o patrimônio histórico, a flora e a fauna brasileira.

8) Não obter vantagens pessoais quando exercer atribuições da profissão a que está investido. Por exemplo, o psicólogo não pode usar suas técnicas de análise de personalidade para obter vantagens pessoais sobre um paciente.

9) Lutar com veemência por melhores condições de trabalho, bem como defender a todo custo a dignidade da profissão que exerce.

10) Ser assíduo, pontual e humano em suas atribuições, valorizando sempre os interesses da organização a que pertence, agindo como agente multiplicador de seus objetivos e valores culturais.

Figura 3.2 - Conforme prescreve o código de ética do psicólogo, as informações privilegiadas obtidas pelo exercício profissional devem ser mantidas no mais absoluto sigilo.

3.3.5 Ética na educação

A ética na educação tem como principal objetivo manter uma formação consciente de um individuo, sobre seus direitos e deveres dentro de uma sociedade que almeja um bem-estar mais justo, sadio e mais humano para todos.

Desde os velhos tempos, o homem vem aprimorando os gestos de convívio social com seus pares, reunindo-se em grupos, passando de geração a geração, o que é certo ou errado, o que é justo ou injusto, o que é legal ou ilegal; sempre na esperança de multiplicar valiosos ensinamentos de vida.

A educação deve ser entendida como a principal pilastra de sustentação dos direitos, deveres e anseios de uma sociedade organizada, regrada por costumes morais e éticos a todos aceita. Não cabendo apenas a escola esse trabalho, mas sim a todos, ou seja: a família, a escola, o poder público e cada um de nós.

Nesse sentido, a Lei nº 9.394, de 20 de dezembro de 1996, que tenta regular na prática as Diretrizes e Bases da Educação Nacional, consagra nos seguintes artigos:

> [...]
>
> Art. 1º A educação abrange os processos formativos que se desenvolvem na vida familiar, na convivência humana, no trabalho, nas instituições de ensino e pesquisa, nos movimentos sociais e organizações da sociedade civil e nas manifestações culturais.
>
> Art. 2º A educação, dever da família e do Estado, inspirada nos princípios de liberdade e nos ideais de solidariedade humana, tem por finalidade o pleno desenvolvimento do educando, seu preparo para o exercício da cidadania e sua qualificação para o trabalho.
>
> Art. 3º O ensino será ministrado com base nos seguintes princípios:
>
> I - igualdade de condições para o acesso e permanência na escola;
>
> II - liberdade de aprender, ensinar, pesquisar e divulgar a cultura, o pensamento, a arte e o saber;
>
> III - pluralismo de idéias e de concepções pedagógicas;
>
> IV - respeito à liberdade e apreço à tolerância;
>
> V - coexistência de instituições públicas e privadas de ensino;
>
> VI - gratuidade do ensino público em estabelecimentos oficiais;
>
> VII - valorização do profissional da educação escolar;
>
> VIII - gestão democrática do ensino público, na forma desta Lei e da legislação dos sistemas de ensino;
>
> IX - garantia de padrão de qualidade;
>
> X - valorização da experiência extra-escolar;
>
> XI - vinculação entre a educação escolar, o trabalho e as práticas sociais.
>
> XII - consideração com a diversidade étnico-racial.

3.3.6 Ética nas relações de negócios

Atualmente a ética nas relações de negócios é um tema que deve ser minuciosamente sondado e analisado. Estamos em constantes mudanças, e que acontecem de forma rápida e nem sempre lógicas, a alta competitividade no mercado impõe ás empresas novos desafios. E ainda com a globalização as organizações se veem diante de fronteiras que devem ser derrubadas para o sucesso dessas relações.

Para sua sobrevivência, é de extrema importância nesse contexto que as organizações saibam lidar com as novas demandas que o mercado impõe, tendo consciência que a ética nas relações de negócios será uma aliada para o seu sucesso. As organizações que almejam crescer e se consolidar, assim como as que querem permanecer competitivas no mercado devem relacionar-se bem com todo o seu público, fornecedores e colaboradores.

Direitos e deveres devem ser estabelecidos e cumpridos, principalmente nas negociações comercias, que podem de uma hora para outra serem abaladas por uma infração, e colocando assim a reputação da organização em descrédito.

As organizações que não agem com ética podem colocar a perder todo o seu potencial e toda a sua reputação que leva anos para ser construída.

Por outro lado, as empresas éticas consolidam sua marca, produtos, geram confiabilidade em todos e conseguem acordos durante as transações de negócios mais facilmente.

3.4 Código de Ética dos Profissionais de Administração

O Código de Ética dos Profissionais de Administração (CEPA)[2], aprovado pela Resolução Normativa CFA 393, de 6 de dezembro de 2010, é o guia orientador e estimulador de novos comportamentos e está fundamentado em um conceito de ética direcionado para o desenvolvimento, servindo simultaneamente de estímulo e parâmetro para que o administrador amplie sua capacidade de pensar, visualize seu papel e torne sua ação mais eficaz diante da sociedade.

3.4.1 Dos deveres

São deveres do profissional de Administração:

» exercer a profissão com zelo, diligência e honestidade, defendendo os direitos, bens e interesse de clientes, instituições e sociedades sem abdicar de sua dignidade, prerrogativas e independência profissional, atuando como empregado, funcionário público ou profissional liberal;

» manter sigilo sobre tudo o que souber em função de sua atividade profissional;

» conservar independência na orientação técnica de serviços e em órgãos que lhe forem confiados;

» comunicar ao cliente, sempre com antecedência e por escrito, as circunstâncias de interesse para seus negócios, sugerindo, tanto quanto possível, as melhores soluções e apontando alternativas;

» informar e orientar o cliente a respeito da situação real da empresa a que serve;

[2] Código de Ética dos Profissionais de Administração (CEPA), aprovado pela Resolução Normativa CFA 393, de 6 de dezembro de 2010, adaptado para fins didáticos. Também disponível, na íntegra, no site do Conselho Federal de Administração (CFA): www.cfa.org.br.

» renunciar, demitir-se ou ser dispensado do posto, cargo ou emprego, se, por qualquer forma, tomar conhecimento de que o cliente manifestou desconfiança para com o seu trabalho, hipótese em que deverá solicitar substituto;

» evitar declarações públicas sobre os motivos de seu desligamento, desde que do silêncio não lhe resultem prejuízo, desprestígio ou interpretação errônea quanto à sua reputação;

» esclarecer o cliente sobre a função social da organização e a necessidade de preservação do meio ambiente;

» manifestar, em tempo hábil e por escrito, a existência de seu impedimento ou incompatibilidade para o exercício da profissão, formulando, em caso de dúvida, consulta ao Conselho Regional de Administração (CRA) no qual esteja registrado;

» cumprir fiel e integralmente as obrigações e compromissos assumidos, relativos ao exercício profissional;

» manter elevados o prestígio e a dignidade da profissão.

Fique de olho!

Cabe aos profissionais envolvidos no processo de formação do administrador (professores e instrutores) informar, orientar e esclarecer sobre os princípios e normas do Código de Ética Profissional do Administrador (CEPA, artigo 1º, inciso X).

3.4.2 Das proibições

É vedado ao profissional de Administração:

» anunciar-se com excesso de qualificativos, admitida a indicação de títulos, cargos e especializações;

» sugerir, solicitar, provocar ou induzir divulgação de textos de publicidade que resultem em propaganda pessoal de seu nome, méritos ou atividades, salvo se em exercício de qualquer cargo ou missão, em nome da classe, da profissão ou de entidades ou órgãos públicos;

» permitir a utilização de seu nome e de seu registro por qualquer instituição pública ou privada onde não exerça pessoal ou efetivamente função inerente à profissão;

» facilitar, por qualquer modo, o exercício da profissão a terceiros, não habilitados ou impedidos;

» assinar trabalhos ou quaisquer documentos executados por terceiros ou elaborados por leigos alheios à sua orientação, supervisão e fiscalização;

» organizar ou manter sociedade profissional sob forma desautorizada por lei;

» exercer a profissão quando impedido por decisão administrativa do Sistema CFA/CRAs transitada em julgado;

» afastar-se de suas atividades profissionais, mesmo temporariamente, sem razão fundamentada e sem notificação prévia ao cliente ou empregador;

» contribuir para a realização de ato contrário à lei ou destinado a fraudá-la, ou praticar, no exercício da profissão, ato legalmente definido como crime ou contravenção;

» estabelecer negociação ou entendimento com a parte adversa de seu cliente, sem sua autorização ou conhecimento;

» recusar-se à prestação de contas, bens, numerários, que lhes sejam confiados em razão do cargo, emprego, função ou profissão, assim como sonegar, adulterar ou deturpar informações, em proveito próprio, em prejuízo de clientes, de seu empregador ou da sociedade;

» revelar sigilo profissional, somente admitido quando resultar em prejuízo ao cliente ou à coletividade, ou por determinação judicial;

» deixar de cumprir, sem justificativa, as normas emanadas dos Conselhos Federal (CFA) e Regionais de Administração, bem como atender às suas requisições administrativas, intimações ou notificações, no prazo determinado;

» pleitear, para si ou para outrem, emprego, cargo ou função que esteja sendo ocupado por colega, bem como praticar outros atos de concorrência desleal;

» obstar ou dificultar as ações fiscalizadoras do Conselho Regional de Administração (CRA);

» usar de artifícios ou expedientes enganosos para obtenção de vantagens indevidas, ganhos marginais ou conquista de contratos;

» prejudicar, por meio de atos ou omissões, declarações, ações ou atitudes, colegas de profissão, membros dirigentes ou associados das entidades representativas da categoria.

3.4.3 Dos direitos

São direitos do profissional de Administração:

» exercer a profissão independentemente de questões religiosas, raça, sexo, nacionalidade, cor, idade, condição social ou de qualquer natureza discriminatória;

» apontar falhas nos regulamentos e normas das instituições, quando as julgar indignas do exercício profissional ou prejudiciais ao cliente;

» exigir justa remuneração por seu trabalho, a qual corresponderá às responsabilidades assumidas a seu tempo de serviço dedicado, sendo-lhe livre firmar acordos sobre salários, velando, no entanto, pelo seu justo valor;

» recusar-se a exercer a profissão em instituição pública ou privada onde as condições de trabalho sejam degradantes à sua pessoa, à profissão e à classe;

» participar de eventos promovidos pelas entidades de classe, sob suas expensas ou quando subvencionados os custos referentes ao acontecimento;

» a competição honesta no mercado de trabalho, a proteção da propriedade intelectual sobre sua criação, o exercício de atividades condizentes com sua capacidade, experiência e especialização.

Fique de olho!

Neste caso, o profissional de Administração deverá dirigir-se aos órgãos competentes (Tribunal Regional de Ética dos Profissionais de Administração e ao Conselho Regional de Administração) comunicando o fato, antes de qualquer providência.

Dragon Images/Shutterstock.com

Figura 3.3 - O dia do administrador é comemorado no dia 9 de setembro.

3.4.4 Dos honorários profissionais

Os honorários e salários do profissional de Administração deverão ser fixados, por escrito, antes do início do trabalho a ser realizado, levando-se em consideração, entre outros, os seguintes elementos:

» vulto, dificuldade, complexidade, pressão de tempo e relevância dos trabalhos a executar;

» possibilidade de ficar impedido ou proibido de realizar outros trabalhos paralelos;

» as vantagens de que, do trabalho, se beneficiará o cliente;

» a forma e as condições de reajuste;

» o fato de se tratar de locomoção na própria cidade ou para outras cidades do Estado ou do País;

» sua competência e renome profissional;

» a menor ou maior oferta de trabalho no mercado em que estiver competindo;

» obediência às tabelas de honorários que, a qualquer tempo, venham a ser baixadas, pelos respectivos Conselhos Regionais de Administração, como mínimos desejáveis de remuneração.

Fique de olho!

É vedado ao profissional de Administração:

1) receber remuneração vil ou extorsiva pela prestação de serviços;

2) deixar de se conduzir com moderação na fixação de seus honorários, devendo considerar as limitações econômico-financeiras do cliente;

3) oferecer ou disputar serviços profissionais, diante aviltamento de honorários ou em concorrência desleal.

3.4.5 Dos deveres especiais em relação aos colegas

O profissional de Administração deverá ter para com seus colegas a consideração, o apreço, o respeito mútuo e a solidariedade que fortaleçam a harmonia e o bom conceito da classe.

Com relação aos colegas, o Profissional de Administração deverá:

» evitar fazer referências prejudiciais ou de qualquer modo desabonadoras;

» recusar cargo, emprego ou função, para substituir colega que dele tenha se afastado ou desistido, visando a preservação da dignidade ou os interesses da profissão ou da classe;

» evitar emitir pronunciamentos desabonadores sobre serviço profissional entregue a colega;

» evitar desentendimentos com colegas, usando, sempre que necessário, o órgão de classe para dirimir dúvidas e solucionar pendências;

» tratar com urbanidade e respeito os colegas representantes dos órgãos de classe, quando no exercício de suas funções, fornecendo informações e facilitando o seu desempenho;

» na condição de representante dos órgãos de classe, tratar com respeito e urbanidade os colegas Profissionais de Administração, investidos ou não de cargos nas entidades representativas da categoria, não se valendo dos cargos ou funções ocupados para prejudicar ou denegrir a imagem dos colegas, não os levando à humilhação ou execração;

» auxiliar a fiscalização do exercício profissional e zelar pelo cumprimento do CEPA, comunicando, com discrição e fundamentadamente aos órgãos competentes, as infrações de que tiver ciência.

Fique de olho!

O Profissional de Administração poderá recorrer à arbitragem do Conselho Regional de Administração nos casos de divergência de ordem profissional com colegas, quando for impossível a conciliação de interesses.

3.4.6 Dos deveres especiais em relação à classe

Ao profissional de Administração caberá observar as seguintes normas com relação à classe:

» prestigiar as entidades de classe, propugnando pela defesa da dignidade e dos direitos profissionais, a harmonia e a coesão da categoria;

» apoiar as iniciativas e os movimentos legítimos de defesa dos interesses da classe, participando efetivamente de seus órgãos representativos, quando solicitado ou eleito;

» aceitar e desempenhar, com zelo e eficiência, quaisquer cargos ou funções, nas entidades de classe, justificando sua recusa quando, em caso extremo, achar-se impossibilitado de servi-las;

» servir-se de posição, cargo ou função que desempenhe nos órgãos de classe, em benefício exclusivo da classe;

» difundir e aprimorar a Administração como ciência e como profissão;

» cumprir com suas obrigações junto às entidades de classe às quais se associou, inclusive no que se refere ao pagamento de contribuições, taxas e emolumentos legalmente estabelecidos;

» acatar e respeitar as deliberações dos Conselhos Federal e Regional de Administração.

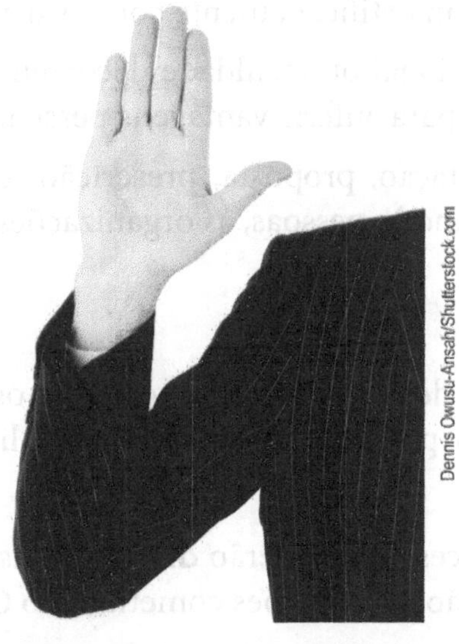

Figura 3.4 - Em sua formação profissional, o administrador deve fazer o seguinte juramento, constituindo o seu dever inicial: "Prometo DIGNIFICAR minha profissão, consciente de minhas responsabilidades legais, observar o código de ética, objetivando o aperfeiçoamento da ciência da administração, o desenvolvimento das instituições e a grandeza do homem e da pátria".

3.4.7 Das infrações disciplinares

Constitui infração disciplinar sujeita às penalidades previstas no Regulamento do Processo Ético do Sistema CFA/CRAs[3] todo ato cometido pelo profissional que atente contra os princípios

[3] Regulamento do Processo Ético do Sistema CFA/CRAS, aprovado pela Resolução Normativa CFA 393, de 6 de dezembro de 2010, disponível, na íntegra, no site do Conselho Federal de Administração: www2.cfa.org.br.

éticos, descumpra os deveres do ofício, pratique condutas expressamente vedadas ou lese direitos reconhecidos de outrem, além das elencadas a seguir:

» praticar atos vedados pelo Código de Ética dos Profissionais de Administração (CEPA);

» exercer a profissão quando impedido de fazê-lo ou, por qualquer meio, facilitar o seu exercício aos não registrados ou impedidos;

» não cumprir, no prazo estabelecido, determinação de entidade dos Profissionais de Administração ou autoridade dos Conselhos, em matéria destes, depois de regularmente notificado;

» participar de instituição que, tendo por objeto a Administração, não esteja inscrita no Conselho Regional;

» fazer ou apresentar declaração, documento falso ou adulterado, perante as entidades dos Profissionais de Administração;

» tratar outros profissionais ou profissões com desrespeito e descortesia, provocando confrontos desnecessários ou comparações prejudiciais;

» prejudicar deliberadamente o trabalho, obra ou imagem de outro Profissional de Administração, ressalvadas as comunicações de irregularidades aos órgãos competentes;

» descumprir voluntária e injustificadamente com os deveres do ofício;

» usar de privilégio profissional ou faculdade decorrente de função de forma abusiva, para fins discriminatórios ou para auferir vantagens pessoais;

» prestar, de má-fé, orientação, proposta, prescrição técnica ou qualquer ato profissional que possa resultar em dano às pessoas, às organizações ou a seus bens patrimoniais.

3.4.8 Das disposições finais

Caberá ao Conselho Federal de Administração, ouvidos os Conselhos Regionais e a categoria dos profissionais de Administração, promover a revisão e a atualização do CEPA, sempre que se fizer necessário.

As regras processuais do processo ético serão disciplinadas em Regulamento[4] próprio, no qual estarão previstas as sanções em razão de infrações cometidas ao CEPA.

O Conselho Federal e os Conselhos Regionais de Administração manterão o Tribunal Superior e os Tribunais Regionais, respectivamente, objetivando o resguardo e aplicação do CEPA.

É dever dos Conselhos Regionais de Administração (CRAs) dar ampla divulgação ao CEPA.

[4] Regulamento do Processo Ético do Sistema CFA/CRAS, aprovado pela Resolução Normativa CFA 393, de 6 de dezembro de 2010, disponível, na íntegra, no site do Conselho Federal de Administração: www2.cfa.org.br.

3.5 Código de ética das demais profissões regulamentadas

Profissões Regulamentadas são as regidas por uma lei ou um decreto específico, e que regulamentam critérios de atribuições e investidura para poder exercê-las, tais como: formação acadêmica ou técnica, pisos salariais, horas trabalhadas, órgãos reguladores (conselhos de classes) aos quais elas são vinculadas, códigos de ética etc.

Todas as profissões, quando regulamentadas, precisam ser fiscalizadas tanto pelo poder público quanto pelos respectivos conselhos de classes, de forma a garantir a segurança de seus profissionais habilitados (médicos, advogados etc.), bem como de seus usuários (pacientes, clientes etc.), em perfeita harmonia.

Muitas delas são profissões de extrema relevância para a sociedade, necessitando de fiscalização constante. Por exemplo, o profissional de medicina (médico) precisa ser fiscalizado por um conselho de classe de forma contínua, pois lida com vidas. Esse profissional, além de possuir o conhecimento médico, deve ser ético em suas atribuições e seguir na íntegra seu código de ética tão relevante.

De forma resumida, abordamos a seguir as principais Profissões Regulamentadas pelo Ministério do Trabalho, com suas respectivas normas regulamentadoras, para posterior consulta do leitor.[5]

Tabela 3.1 - **Profissões regulamentadas**

Profissões regulamentadas	Norma regulamentadora
Advogado	Lei nº 8.906, de 4 de julho de 1994
Aeronauta	Lei nº 7.565, de 19 de dezembro de 1986
Arquivista/técnico de arquivo	Lei nº 6.546, de 4 de julho de 1978
Artista/técnico em espetáculos de Diversões	Lei nº 6.533, de 24 de maio de 1978
Assistente social	Lei nº 8.662, de 7 de junho de 1993
Atleta de futebol	Lei nº 6.354, de 2 de setembro de 1976
Atleta profissional de futebol	Lei nº 9.615, de 25 de março de 1998
Atuário	Decreto nº 66.408, de 3 de abril de 1970
Bibliotecário	Lei nº 4.084, de 30 de junho de 1962
Biomédico	Decreto nº 88.439, de 28 de junho de 1983
Biólogo	Decreto nº 88.438, de 28 de junho de 1983
Bombeiro civil	Lei nº 11.901, de 12 de janeiro de 2009
Cabeleireiro, barbeiro, esteticista, manicure, pedicure, depilador e maquiador	Lei nº 12.592, de 18 de janeiro de 2012
Contabilista	Decreto-Lei nº 9.295, de 27 de maio de 1946

5 Além dos conhecidos sites de busca na Internet, essas normas (códigos de ética) podem ser pesquisadas, na íntegra, no site do Planalto: http://www2.planalto.gov.br.

Profissões regulamentadas	Norma regulamentadora
Corretor de imóveis	Lei nº 6.530, de 12 de maio de 1978
Corretor de seguros	Lei 4.594, de 29 de dezembro de 1964
Despachante aduaneiro	Portaria Interministerial MF/MTb 209, de 10 de abril de 1980
Economista	Lei nº 1.411, de 13 de agosto de 1951
Economista doméstico	Lei nº 7.387, de 21 de outubro de 1985
Educação física	Lei nº 9.696, de 1o de setembro de 1998
Empregado doméstico	Lei nº 5.859, de 11 de dezembro de 1972
Enfermagem	Lei nº 7.498, de 25 de junho de 1986
Engenheiro/arquiteto/agrônomo	Lei nº 5.194, de 24 de dezembro de 1966
Engenharia de segurança	Lei nº 7.410, de 27 de novembro de 1985
Enólogo	Lei nº 11.476, de 29 de maio de 2007
Estatístico	Lei nº 4.739, de 15 de julho de 1965
Farmacêutico	Lei nº 3.820, de 11 de novembro de 1960
Fisioterapeuta e terapeuta ocupacional	Lei nº 6.316, de 17 de dezembro de 1975
Fonoaudiólogo	Lei nº 6.965, de 9 de dezembro de 1981
Garimpeiro	Lei nº 11.685, de 2 de junho de 2008
Geógrafo	Lei nº 6.664, de 26 de junho de 1979
Geólogo	Lei nº 4.076, de 23 de junho de 1962
Guardador e lavador de veículos	Lei nº 6.242, de 23 de setembro de 1975
Instrutor de trânsito	Lei nº 12.302, de 2 de agosto de 2010
Jornalista	Decreto-Lei nº 972, de 17 de outubro de 1969
Leiloeiro	Decreto nº 21.981, de 19 de outubro de 1932
Leiloeiro rural	Lei nº 4.021, de 20 de dezembro de 1961
Massagista	Lei nº 3.968, de 5 de outubro de 1961
Médico	Lei nº 6.932, de 7 de julho de 1981
Medicina veterinária	Lei nº 5.517, de 23 de outubro de 1968
Mototaxista e motoboy	Lei nº 12.009, de 29 de julho de 2009
Museólogo	Lei nº 7.287, de 18 de dezembro de 1984
Músico	Lei nº 3.857, de 22 de dezembro de 1960
Nutricionista	Lei nº 8.234, de 17 de setembro de 1991
Oceanógrafo	Lei nº 11.760, de 31 de julho de 2008
Odontologia	Lei nº 5.081, de 24 de agosto de 1966
Orientador educacional	Lei nº 5.564, de 21 de dezembro de 1968
Pescador profissional	Decreto-Lei nº 221, de 28 de fevereiro de 1967

Profissões regulamentadas	Norma regulamentadora
Peão de rodeio	Lei nº 10.220, de 11 de abril de 2001
Psicólogo	Lei nº 4.119, de 27 de agosto de 1962
Publicitário/agenciador de propaganda	Lei nº 4.680, de 18 de junho de 1965
Químico	Lei nº 2.800, de 18 de junho de 1956
Radialista	Lei nº 6.615, de 16 de dezembro de 1978
Relações públicas	Lei nº 5.377, de 11 de dezembro de 1967
Repentista	Lei nº 12.198, de 14 de janeiro de 2010
Representantes comerciais autônomos	Lei nº 4.886, de 9 de dezembro de 1965
Secretário - secretário executivo e técnico em secretariado	Lei nº 7.377, de 30 de setembro de 1985
Sociólogo	Lei nº 6.888, de 10 de dezembro de 1980
Sommelier	Lei nº 12.467, de 26 de agosto de 2011
Taxista	Lei nº 12.468, de 2 de agosto de 2011
Técnico de segurança do trabalho	Portaria SST/MTE 3.275, de 21 de setembro de 1989
Técnico em radiologia	Lei nº 7.394, de 29 de outubro de 1985
Técnico em prótese dentária	Lei nº 6.710, de 5 de novembro de 1979
Técnico industrial	Lei nº 5.524, de 5 de novembro de 1968
Tradutor e intérprete da língua brasileira de sinais - LIBRAS	Lei nº 12.319, de 1o de setembro de 2010
Turismólogo	Lei nº 12.591, de 18 de janeiro de 2012
Zootecnista	Lei nº 5.550, de 4 de dezembro de 1968

Vamos recapitular?

Neste capítulo conhecemos os tópicos mais relevantes sobre ética e moral nos dias de hoje.

Profissões Regulamentadas são regidas por uma lei ou decreto específico, as quais regulamentam critérios de atribuições e investidura para poder exercê-las, tais como: formação acadêmica ou técnica, pisos salariais, horas trabalhadas, órgãos reguladores (conselhos de classes) aos quais elas são vinculadas, códigos de ética etc.

Todas as profissões, quando regulamentadas, precisam ser fiscalizadas tanto pelo poder público quanto pelos respectivos conselhos de classes, de forma a garantir a segurança de seus profissionais habilitados (médicos, advogados etc.), bem como de seus usuários (pacientes, clientes etc.), em perfeita harmonia.

Agora é com você!

1) Com as suas palavras defina o que é moral.

2) Você já precisou usar a ética em seu ambiente de trabalho ou ambiente escolar? Descreva.

3) Qual a norma que regulamenta o Código de Ética dos Profissionais de Administração?

4) Você acredita que profissionais que agem com ética têm mais sucesso em sua profissão? Por quê?

5) Em sua opinião como a moral irá te ajudar em seu ambiente de trabalho?

4 Legislação Trabalhista

Para começar

Este capítulo, de forma simples e objetiva, apresenta os princípios do direito do trabalho, as relações de trabalho e emprego, serviço voluntário, os tipos de contrato de trabalho e suas formas de resolução, como justa causa, despedida indireta, culpa recíproca e muito mais.

4.1 Conceitos

Os direitos trabalhistas conquistados com muito suor pelos bravos trabalhadores trazem uma intrínseca relação com a cidadania nas organizações.

O ambiente de trabalho já está inserido no convívio social de todos aqueles que com ele se relacionam, de forma direta ou indireta: empregados, colaboradores, diretores, gerentes, fornecedores, clientes, entre outros. Por isso, conhecer as pessoas do seu ambiente de trabalho, os seus direitos, deveres e obrigações proporciona tanto aos empregados quanto ao empregador um convívio profissional e social mais justo; traz uma nítida sensação de conforto psíquico, social e pessoal, em vida.

A legislação trabalhista é o rol de instrumentos jurídicos que tentam garantir, na prática, esse tão sonhado convívio.

A Consolidação das Leis do Trabalho (CLT)[6] foi aprovada pelo Decreto - Lei 5.452, de 1º de maio de 1943, com 922 artigos. Atualmente, esse diploma legal é o principal instrumento do Direito do Trabalho que regulamenta as relações de trabalho no ambiente organizacional.

Tendo em vista a complexidade do Direito do Trabalho e a finalidade desta obra, vamos abordar os assuntos mais relevantes para o pleno desenvolvimento do trabalhador-cidadão dentro das organizações na atualidade.

Serão vistos ao longo deste capítulo os princípios que norteiam o Direito do Trabalho, as diversas relações de trabalho, as principais características dos contratos quanto ao pacto laborativo entre o obreiro e o empregador, a questão da suspensão e da interrupção da prestação de serviços pelo trabalhador, bem como seus afastamentos legais previstos pela atual legislação trabalhista.

4.2 Princípios do direito do trabalho

4.2.1 Princípio da proteção

O princípio da proteção, sem sombra de dúvidas, é o de maior relevância no Direito do Trabalho. Ele consiste em conferir ao lado mais fraco da relação laboral (o empregado) uma superioridade jurídica capaz de lhe garantir mecanismos destinados a tutelar os direitos mínimos estampados na legislação trabalhista em vigor.

Esse princípio teve origem em função de o empregado ser o sujeito hipossuficiente (mais fraco) na relação jurídica de trabalho e emprego, se compararmos com o empregador que tem o poder de mando e desmando dentro de sua empresa, com autonomia administrativa, financeira e operacional em seus negócios.

Na verdade, esse princípio insere-se na estrutura do Direito do Trabalho como forma de impedir a exploração injusta do capital (dinheiro) sobre o trabalho humano (suor), possibilitando a melhoria das condições de vida dos empregados e permitindo o bem-estar social dos obreiros.

O princípio da proteção desmembra-se em outros três: princípio *in dubio pro operario*, princípio da aplicação da norma mais favorável e princípio da condição mais benéfica.

4.2.1.1 Princípio *in dubio pro operario*

Nesse princípio, o intérprete (juiz, por exemplo), ao analisar um preceito que disponha sobre legislação trabalhista, opta, dentre duas ou mais interpretações possíveis, pela mais favorável ao trabalhador.

[6] A Consolidação das Leis do Trabalho (CLT), Decreto - Lei 5.452, de 1º de maio de 1943, está disponível, na íntegra, no site do Planalto: www.planalto.gov.br.

4.2.1.2 Princípio da aplicação da norma mais favorável

Aplica-se a legislação mais favorável ao empregado, independente de sua posição na escala hierárquica. Por esse princípio, aplica-se também na elaboração da regra jurídica (criação de leis), ou seja, as novas disposições legais devem estabelecer regras mais favoráveis aos trabalhadores.

4.2.1.3 Princípio da condição mais benéfica

Prescreve que as condições mais benéficas estipuladas no contrato de trabalho do empregado, ou mesmo as constantes no regulamento da empresa, prevalecerão, independentemente da edição de norma superveniente dispondo sobre a mesma matéria, estabelecendo desvantagens para o empregado. Por exemplo, a exclusão de um adicional de escolaridade acordado na admissão é proibida para os funcionários ativos, sendo válida apenas para os futuros empregados que ingressarem na empresa.

A nova regra jurídica criada somente produzirá efeitos para os novos contratos de trabalho a serem firmados. É a própria aplicação da Teoria do Direito Adquirido, prevista no artigo 5º, XXXVI, da Constituição Federal de 1998 (CF/88), nas cláusulas contratuais.

4.2.2 Princípio da irrenunciabilidade de direitos

O princípio da irrenunciabilidade de direitos, também conhecido como princípio da indisponibilidade de direitos ou da inderrogabilidade, protege os direitos do trabalhador até mesmo contra sua própria renúncia. Por exemplo, mesmo que o funcionário, por ocasião da contratação, assine um contrato de trabalho renunciando seu 13° salário, esta cláusula é nula de pleno direito.

E nesse mesmo sentido, a Consolidação das Leis Trabalhistas (CLT), em seu artigo 9º, afirma:

> "Serão nulos de pleno direito os atos praticados com o objetivo de desvirtuar, impedir ou fraudar a aplicação dos preceitos contidos na presente Consolidação."

O princípio da irrenunciabilidade de direitos torna os direitos dos trabalhadores irrenunciáveis, indisponíveis e inderrogáveis, conferindo importante mecanismo de defesa ao empregado.

4.2.3 Princípio da continuidade da relação de emprego

Na relação trabalhista, a regra nos contratos de trabalho é bem clara: que os contratos sejam pactuados por prazo indeterminado, ou seja, por esse princípio, ao integrar o trabalhador à estrutura organizacional da empresa, presume-se uma admissão de forma definitiva, e somente por exceção admite-se o contrato por prazo determinado.

Nesse sentido, a súmula 212 do TST prescreve:

> "S. 212/TST. O ônus de provar o término do contrato do trabalho, quando negados a prestação de serviço e o despedimento, é do empregador, pois o princípio da continuidade da relação de emprego constitui presunção favorável ao emprego."

4.2.4 Princípio da primazia da realidade

Estabelece que a verdade real prevalecerá sobre a verdade formal, predominando a realidade sob a forma. O intérprete da lei deve observar a prática habitual do dia a dia, e não somente o que foi pactuado no contrato de trabalho, gerando direitos e obrigações.

O princípio da primazia da realidade é muito aplicado no âmbito laboral da empresa, principalmente para coibir procedimentos fraudatórios praticados pelo empregador contra o obreiro, no sentido de tentar mascarar o vínculo empregatício existente, ou mesmo conferir direitos reduzidos dos que realmente ele tem por direito.

4.2.5 Princípio da inalterabilidade contratual lesiva

Esse princípio tem origem no Direito Comum, especificamente na cláusula *pacta sunt servanda* (os pactos devem ser cumpridos).

Ele cria um obstáculo nas alterações que, porventura, venham a expressar interesses e vantagens dos empregadores ou qualquer pessoa que assuma os riscos da atividade econômica, assegurando que as eventuais alterações nas relações de trabalho não implicarão privilégios para a parte detentora dos meios de produção, do capital e do poder de mando, o empregador, sendo apenas admitidas as alterações mais benéficas para o empregado.

O próprio artigo 468 da CLT coloca a salvo os direitos conquistados pelos trabalhadores:

> "Nos contratos individuais de trabalho só é lícita a alteração das respectivas condições por mútuo consentimento, e ainda assim desde que não resultem, direta ou indiretamente, prejuízos ao empregado, sob pena de nulidade da cláusula infringente desta garantia."

Com isso, a doutrina dominante permite que o empregador promova, no exercício da gestão da empresa, pequenas variações no contrato de trabalho, de maneira unilateral (*jus variandi*), desde que não causem prejuízos ao trabalhador, sob pena de imediata resistência deste, inclusive com a busca da tutela jurisdicional (*jus resistenciae*).

4.2.6 Princípio da intangibilidade salarial

É um dos princípios mais relevantes para o empregado, tendo em vista o que protege: o salário. O salário tem caráter alimentar, ou seja, tem por finalidade prover os alimentos do trabalhador e de sua família.

O princípio da intangibilidade salarial inspirou a criação de diversos dispositivos normativos, objetivando defender, especificamente, o salário do colaborador em face:

- » das condutas abusivas do próprio empregador, por meio de regras jurídicas que previnam a retenção, o atraso, a sonegação ou descontos indevidos de salário;
- » dos credores do empregado, por exemplo, a impenhorabilidade dos salários;
- » dos credores do empregado, em caso de falência ou dissolução da empresa.

Figura 4.1 - Trabalhador compra alimentos para o sustento de sua família em um supermercado usando o seu salário.

4.3 Relações de trabalho

É natural para os leigos em Direito do Trabalho confundir as relações de trabalho com as de emprego, tendo em vista a sua finalidade. Porém, cabe observar que, perante a legislação trabalhista, bem como a doutrina dominante desse ramo do direito, ambas as relações são completamente diferentes quanto ao vínculo empregatício.

A relação de trabalho é qualquer vínculo jurídico por meio do qual uma pessoa física (natural) executa obra ou presta serviços para outrem, mediante o pagamento de um valor remuneratório. Em resumo, podemos afirmar que a relação de trabalho é gênero da qual a relação de emprego é uma espécie.

Como bem ensina Saraiva (2008)[7], toda relação de emprego corresponde a uma relação de trabalho, mas nem toda relação de trabalho corresponde a uma relação de emprego.

Vejamos a seguir as principais espécies das relações de trabalho.

4.3.1 Relação de trabalho eventual

A relação de trabalho eventual, também conhecida como trabalho ocasional ou temporário, é aquela exigida em caráter absolutamente temporário, esporádico ou transitório, cujo exercício não se integra à finalidade da empresa.

No trabalho eventual não há qualquer espécie de continuidade na prestação de serviços, sendo realizado em caráter precário, ou seja, o trabalhador realiza suas atividades não com habitualidade e profissionalismo, mas sim fazendo "bico". Por exemplo, hoje ele trabalha como pintor, amanhã como encanador em outro local, depois como ajudante de pedreiro e outro dia como segurança de boteco, bares etc.

7 Saraiva, R. Direito do trabalho para concursos públicos. 9.ed. São Paulo: Método, 2008.

Figura 4.2 - Exemplo típico de trabalho eventual: prestação de serviço sem profissionalismo, sem nenhuma proteção de segurança (EPI).

4.3.2 Relação de trabalho voluntário

A Lei nº 9.608, de 18 de fevereiro de 1998, que dispõe sobre o serviço voluntário, define em seu artigo 1º como trabalho voluntário:

> "(...) a atividade não remunerada, prestada por pessoa física a entidade pública de qualquer natureza, ou a instituição privada de fins não lucrativos, que tenha objetivos cívicos, culturais, educacionais, científicos, recreativos ou de assistência social, inclusive mutualidade."

4.3.3 Relação de trabalho avulso

Podemos definir como trabalhador avulso aquele que presta serviços a vários tomadores e que executa serviços de curta duração, com a intermediação de uma entidade de classe, que faz o seu pagamento sob a forma de rateio.

A relação de trabalho avulso é disciplinada pela Lei nº 8.630, de 25 de fevereiro de 1993, que dispõe sobre a Lei dos Portos, na qual três agentes são os principais envolvidos:

a) o Órgão Gestor de Mão de Obra (OGMO);

b) o Operador Portuário (representante do armador no porto);

c) o Trabalhador Portuário avulso (estivadores, conferentes, vigias portuários, arrumadores, trabalhadores de bloco, entre outros).

Figura 4.3 - Trabalhadores portuários.

Na relação de trabalho avulso não existe vínculo permanente entre o trabalhador avulso e o tomador de serviço, apenas uma relação de trabalho autônoma na qual o OGMO atua na escalação dos avulsos devidamente registrados e treinados na carga e descarga dos navios desembarcados nos portos.

4.3.4 Relação de trabalho autônomo

Na relação de trabalho autônomo não há dependência ou subordinação jurídica entre o prestador de serviços e seu respectivo tomador. Aquele prestador (trabalhador autônomo) exerce, habitualmente e por conta própria, atividade profissional remunerada, ou obra contratada a uma ou mais pessoas, de forma autônoma, com profissionalidade e habitualidade, atuando por conta própria, assumindo o risco da atividade executada. Por exemplo, o eletricista profissional autônomo responde tecnicamente pelo serviço prestado, bem como o advogado autônomo, o professor autônomo, o médico autônomo, entre tantos outros profissionais.

4.3.5 Relação de trabalho - estágio

O estágio está regulado atualmente pela Lei nº 11.788, de 25 de setembro de 2008, que dispõe sobre o Estágio de Estudantes. Esse mesmo diploma legal define em seu artigo 1º como estágio:

> "O ato educativo escolar supervisionado, desenvolvido no ambiente de trabalho, que visa à preparação para o trabalho produtivo de educandos que estejam frequentando o ensino regular em instituições de educação superior, de educação profissional, de ensino médio, da educação especial e dos anos finais do ensino fundamental, na modalidade profissional da educação de jovens e adultos."

Cabe destacar que o estágio não é um emprego, é uma relação de profissionalização com objetivo social e troca de interesses entre as partes. A empresa, o estudante, a escola e o Brasil ganham com essa mão de obra estudantil.

Figura 4.4 - Pessoas acomodadas e individualistas têm poucas chances de efetivação durante um estágio.

Ainda de acordo com o artigo 3º dessa lei, o estágio, tanto obrigatório quanto não obrigatório, não gera vínculo de emprego do estagiário com o tomador de serviços, observados os seguintes requisitos:

I. matrícula e frequência regular do educando em curso de educação superior, de educação profissional, de ensino médio, de educação especial e nos anos finais do ensino fundamental, na modalidade profissional da educação de jovens e adultos e atestados pela instituição de ensino;

II. celebração de termo de compromisso entre o educando, a parte concedente do estágio e a instituição de ensino;

III. compatibilidade entre as atividades desenvolvidas no estágio e aquelas previstas no termo de compromisso.

Fique de olho!

O descumprimento de qualquer um desses itens, ou de qualquer obrigação contida no termo de compromisso entre a escola e o tomador de serviço, caracteriza vínculo de emprego do educando com a parte concedente (empresa) do estágio para todos os fins da legislação trabalhista e previdenciária.

O estágio, como ato educativo escolar supervisionado, deve ter acompanhamento efetivo pelo professor orientador da instituição de ensino e por supervisor da parte concedente.

4.3.6 Relação de trabalho subordinado

É a mais comum das relações de trabalho nos dias de hoje, também conhecida como relação de emprego. Nessa modalidade de trabalho estão presentes os requisitos caracterizadores do pacto laboral, ou seja, do vínculo empregatício entre empregado e empregador, os quais são os seguintes:

- Trabalho por pessoa física;
- Pessoalidade;
- Não eventualidade;
- Onerosidade;
- Subordinação;
- Alteridade.

4.3.6.1 Trabalho por pessoa física

Para a caracterização do vínculo empregatício, o serviço deve ser prestado por uma pessoa física, ou seja, o obreiro tem de ser humano. Não pode ser pessoa jurídica (empresa, indústria).

4.3.6.2 Pessoalidade

Considerando que o contrato de emprego é intuitu personae[8], para a caracterização do vínculo empregatício o serviço deve ser executado pessoalmente pelo empregado, que não pode ser substituído por outro durante suas atividades.

[8] *Intuitu personae* - representa os contratos cujo objeto encontra-se ligado às partes na sua essência, ou seja, são personalíssimos.

4.3.6.3 Não eventualidade

A conceituação de trabalho não eventual é uma das tarefas mais difíceis para os operadores do Direito do Trabalho, tendo em vista as diversas teorias jurídicas que tentam determinar seu real sentido.

A predominante entre elas é a Teoria dos Fins do Empreendimento (ou fins da empresa) que defende a ideia de que o trabalho eventual é aquele realizado para atender demanda que não se enquadre nas finalidades normais do empreendimento. Por exemplo, a contratação de um encanador para arrumar a rede de esgoto entupida de uma loja de roupas.

4.3.6.4 Onerosidade

Um dos requisitos essenciais para a caracterização do vínculo empregatício é o recebimento de um valor pecuniário (dinheiro) pago pelo empregador a um empregado pela prestação de um serviço.

Cabe observar que a prestação de serviços a título não oneroso (gratuito) descaracteriza a relação de emprego, apenas configurando mera relação de trabalho, como ocorre no trabalho voluntário (ver item 4.3.2).

4.3.6.5 Subordinação

Uma das características da relação de emprego é a subordinação, ou seja, o empregado é subordinado ao empregador, que tem o poder de mando sobre aquele. Porém, essa subordinação não é econômica, pois o empregado pode, por muitas vezes, ser mais rico que o próprio empregador. Por exemplo, são os casos de alguns cantores famosos, bem como jogadores de futebol.

4.3.6.6 Alteridade

Por esse princípio o empregado não assume os riscos da atividade econômica que exercer. Quem responde em caso de prejuízo é a empresa. Diferente do que ocorre com os trabalhadores autônomos que respondem tanto tecnicamente quanto financeiramente pelos serviços que executarem.

4.3.7 Empregado rural

Em resumo, é o trabalhador que presta serviços na atividade da agricultura e da pecuária, a empregador rural e em propriedade rural. Por exemplo, trabalhadores rurais são os ordenadores de gado, os boiadeiros, o peão de gado, o trabalhador que labora na lavoura de café etc.

Cabe salientar que o trabalhador rural tem os mesmos direitos dos trabalhadores urbanos, conforme prescreve o artigo 7º da CF/88.

Figura 4.5 - Exemplo de empregada rural: mulher do campo trabalhando na colheita.

4.3.8 Empregado doméstico

Define-se como empregado doméstico todo trabalhador ou trabalhadora que presta serviços de natureza contínua e de finalidade não lucrativa à pessoa ou à família, cujo ambiente de trabalho tem natureza residencial.

Uma das características dessa relação de trabalho é não exercer atividade econômica no seio familiar, ou seja, por meio de seus serviços o empregador doméstico (somente pessoa física) não auferir nenhum lucro. Por exemplo, empregado doméstico é o mordomo de família, o segurança, o caseiro, a cozinheira, a lavadeira etc.

4.4 Contrato de trabalho

4.4.1 Classificação

O contrato de trabalho é o dispositivo legal que regulamenta a atividade laboral entre empregado e empregador. De acordo com o artigo 443 da CLT, os contratos se classificam em:

- » Verbal ou escrito;
- » Tácito ou expresso;
- » Por prazo indeterminado;
- » Por prazo determinado.

4.4.1.1 Contrato tácito

Nessa modalidade de contrato, a simples prestação de serviços de forma habitual do obreiro ao empregador, sem oposição deste, independentemente de o contrato e suas cláusulas terem ou não sido expressamente acordados (de forma verbal ou escrita), já caracteriza por si só um ajuste tácito, tendo validade seus direitos perante a justiça do trabalho.

Por exemplo, podemos mencionar o caso de um trabalhador desempregado que comparece a uma loja de roupas, solicita emprego por apenas um dia, passando posteriormente a comparecer diariamente ao labor, prestando serviços sem oposição do proprietário da loja, muito embora nada tenha sido previamente acordado ou expressado.

4.4.1.2 Contrato expresso

É o contrato celebrado entre empregado e empregador de forma bem clara e objetiva, em que todas as cláusulas e condições do pacto laboral são previamente acordadas. Essa modalidade pode ser escrita ou verbal.

4.4.1.3 Contrato verbal

Essa modalidade de contrato decorre do próprio artigo 443 da CLT, ao reconhecer expressamente a pactuação do vínculo empregatício de forma verbal, nada impedindo que as partes acordem direitos e obrigações, fixando salário, horário, atribuições etc.

4.4.1.4 Contrato escrito

O contrato de trabalho escrito é o mais comum de todos. Uma simples assinatura do empregador na Carteira de Trabalho e Previdência Social (CTPS) do empregado já caracteriza um contrato escrito.

4.4.1.5 Contrato indeterminado

Contrato de trabalho por prazo indeterminado é a regra no Direito do Trabalho; os demais são exceção. Atende, assim, ao princípio da continuidade da relação de emprego, em que o empregado passa a integrar, de forma definitiva, a atividade empresarial, contribuindo com seu labor para o crescimento da empresa.

Fique de olho!

Conforme a súmula 212 do TST:

"O ônus de provar o término do contrato de trabalho, quando negados a prestação de serviço e o despedimento, é do empregador, pois o princípio da continuidade da relação de emprego constitui presunção favorável ao empregado."

4.4.1.6 Contrato determinado

Também conhecido como *contrato a termo*, é o contrato de trabalho cuja vigência dependa de termo prefixado ou da execução de serviços especificados ou ainda da realização de certo acontecimento suscetível de previsão aproximada. Nesse tipo de contrato as partes já sabem, desde o início, a data do término ou uma previsão aproximada de término.

O contrato por prazo determinado só será válido tratando-se:

a) de serviço cuja natureza ou transitoriedade justifique a predeterminação do prazo (por exemplo, são os contratos de finais de ano por ocasião das festas natalinas);

b) de atividades empresariais de caráter transitório;

c) de contrato de experiência.

4.4.2 Interrupção do contrato de trabalho

A interrupção do contrato de trabalho ocorre quando o empregado deixa de prestar serviços, por um determinado período, ao empregador, porém permanece recebendo normalmente seu salário, continuando o empregador com todas as obrigações impostas pelo vínculo empregatício.

Conforme o artigo 473 da CLT, o empregado pode deixar de comparecer ao serviço sem prejuízo do salário:

a) até 2 (dois) dias consecutivos, em caso de falecimento do cônjuge, ascendente, descendente, irmão ou pessoa que, declarada em sua carteira de trabalho e previdência social, viva sob sua dependência econômica;

b) até 3 (três) dias consecutivos, em virtude de casamento;

c) por um dia, em cada 12 (doze) meses de trabalho, em caso de doação voluntária de sangue devidamente comprovada;

d) até 2 (dois) dias consecutivos ou não, para o fim de se alistar eleitor, nos termos da lei respectiva;

e) no período de tempo em que tiver de cumprir as exigências do Serviço Militar referidas na letra "c" do artigo 65 da Lei nº 4.375, de 17 de agosto de 1964 (Lei do Serviço Militar);

f) nos dias em que estiver comprovadamente realizando provas de exame vestibular para ingresso em estabelecimento de ensino superior;

g) pelo tempo que se fizer necessário, quando tiver que comparecer a juízo;

h) pelo tempo que se fizer necessário, quando, na qualidade de representante de entidade sindical, estiver participando de reunião oficial de organismo internacional do qual o Brasil seja membro.

Fique de olho!

O contrato de trabalho foi instituído no século XX, sendo estabelecidos os direitos e deveres entre patrões e empregados.

Tabela 4.1 - **Situações de interrupção do contrato de trabalho**

Hipótese de interrupção	Previsão legal
Licença-paternidade de cinco dias	CF/88, artigo 7º, XIX c/c ADCT, artigo 10, II, § 1º
Encargos públicos específicos (exemplo: participar de tribunal do júri, ser mesário em eleições etc.)	....
Acidente de trabalho ou doença - primeiros 15 dias	Lei nº 8.213/1991, artigo 60, § 3º
Repouso semanal remunerado	CF/1988, artigo 7º, XV
Feriados	Lei nº 605/1949, artigo 1º
Férias	CF/88, artigo 7º, XVII

Hipótese de interrupção	Previsão legal
Licença-maternidade	CF/88, artigo 7º, XVIII c/c artigo 71 da Lei nº 8.213/1991
Licença remunerada em caso de aborto não criminoso	CLT, artigo 395
Casos diversos de licença - remunerada	....
Empregado membro da Comissão de Conciliação Prévia, quando atuando como conciliador	CLT, artigo 625-B, § 2º

Cabe destacar que todas as situações descritas anteriormente são hipóteses de interrupção do contrato de trabalho, ficando o empregado isento de sua principal obrigação: a prestação de serviços ao empregador. Porém, tem garantidos todos os seus direitos no período de afastamento.

4.4.3 Suspensão do contrato de trabalho

Ao contrário do que ocorre na interrupção, na suspensão ambos os contraentes (empregado e empregador) suspendem suas obrigações contratuais, ou seja, o empregador deixa de pagar os salários do empregado, e este não presta serviços ao empregador.

Durante a suspensão do contrato de trabalho, com raras exceções, não há contagem do tempo de serviço, não há recolhimento do FGTS, bem como das contribuições previdenciárias, havendo uma paralisação provisória dos efeitos do contrato para ambas as partes.

Vejamos a seguir algumas hipóteses de suspensão do contrato de trabalho:

a) Acidente de trabalho ou doença após o 15º dia de afastamento (Lei nº 8.213/1991, artigo 59);

b) Durante a prestação do serviço militar obrigatório (CLT artigo 472);

c) A greve também é um direito dos empregados que caracteriza a suspensão do contrato de trabalho (CF/88 artigo 9º);

d) O empregado eleito para o cargo de dirigente sindical (CLT artigo 543, § 2º);

e) Qualquer espécie de licença não remunerada (CLT artigo 475);

f) Afastamento do empregado em caso de prisão;

g) Aposentadoria por invalidez (CLT artigo 475);

h) Afastamento do empregado para participar de curso de qualificação profissional, pelo período de 2 a 5 meses (CLT artigo 476 - B).

4.4.4 Resolução do contrato de trabalho

A resolução de um contrato de trabalho (por prazo determinado ou indeterminado) pode relacionar-se com a inexecução faltosa das obrigações contratuais por parte de um ou de ambos os contraentes do pacto laboral: empregador e empregado.

A resolução pode ocorrer em virtude de três situações práticas:

» dispensa do empregado por justa causa;

» rescisão do contrato ou despedida indireta;

» culpa recíproca.

4.4.4.1 Dispensa do empregado por justa causa

Conforme o artigo 482 da CLT, constitui justa causa para rescisão do contrato de trabalho pelo empregador contra o empregado:

a) ato de improbidade;

b) incontinência de conduta ou mau procedimento;

c) negociação habitual por conta própria ou alheia sem permissão do empregador, e quando constituir ato de concorrência à empresa para a qual trabalha o empregado, ou for prejudicial ao serviço;

d) condenação criminal do empregado, passada em julgado, caso não tenha havido suspensão da execução da pena;

e) desídia no desempenho das respectivas funções;

f) embriaguez habitual ou em serviço;

g) violação de segredo da empresa;

h) ato de indisciplina ou de insubordinação;

i) abandono de emprego;

j) ato lesivo da honra ou da boa fama praticado no serviço contra qualquer pessoa, ou ofensas físicas, nas mesmas condições, salvo em caso de legítima defesa, própria ou de outrem;

k) ato lesivo da honra ou da boa fama ou ofensas físicas praticadas contra o empregador e superiores hierárquicos, salvo em caso de legítima defesa, própria ou de outrem;

l) prática constante de jogos de azar.

Fique de olho!

Constituem igualmente justa causa para dispensa do empregado as seguintes situações:

1) a prática, devidamente comprovada em inquérito administrativo, de atos atentatórios à segurança nacional;

2) a não observância das normas de segurança e medicina do trabalho, e o não uso dos EPIs (CLT, artigo 158, parágrafo único);

3) o movimento paredista que for deflagrado em caso de greve, sem observância das disposições contidas na Lei nº 7.783/1989;

4) a declaração falsa sobre o percurso abrangido pelo vale-transporte, ou o seu uso indevido (Decretoº 95.247/1987, artigo 7º, § 3º).

4.4.4.2 Rescisão do contrato ou despedida indireta

A despedida indireta, também conhecida como rescisão indireta, é uma das rescisões menos praticadas nas relações do Direito do Trabalho, pois ela ocorre quando a falta grave é cometida pelo empregador. Muitas vezes o lesado (empregado) desconhece essa modalidade de rescisão, sujeitando-se a pedir sua própria demissão, perdendo muitos direitos.

Conforme o artigo 483 da CLT, o empregado pode considerar rescindido o contrato e pleitear a devida indenização quando:

a) forem exigidos serviços superiores às suas forças, defesos por lei, contrários aos bons costumes, ou alheios ao contrato;

b) for tratado pelo empregador ou por seus superiores hierárquicos com rigor excessivo;

c) correr perigo manifesto de mal considerável;

d) não cumprir o empregador as obrigações do contrato;

e) praticar o empregador ou seus prepostos, contra ele ou pessoas de sua família, ato lesivo da honra e boa fama;

f) o empregador ou seus prepostos ofenderem-no fisicamente, salvo em caso de legítima defesa, própria ou de outrem;

g) o empregador reduzir o seu trabalho, sendo este por peça ou tarefa, de forma a afetar sensivelmente a importância dos salários.

Fique de olho!

O empregado poderá suspender a prestação dos serviços ou rescindir o contrato quando tiver de desempenhar obrigações legais, incompatíveis com a continuação do serviço.

No caso de morte do empregador constituído em empresa individual, é facultado ao empregado rescindir o contrato de trabalho.

Nas hipóteses das letras "d" e "g", poderá o empregado pleitear a rescisão de seu contrato de trabalho e o pagamento das respectivas indenizações, permanecendo ou não no serviço até final decisão do processo.

4.4.4.3 Culpa recíproca

A culpa recíproca está prevista no artigo 484 da CLT, que reza:

> "(...) Havendo culpa recíproca no ato que determinou a rescisão do contrato de trabalho, o tribunal de trabalho reduzirá a indenização à que seria devida em caso de culpa exclusiva do empregador, por metade."

Essa modalidade de rescisão ocorre quando o empregado ou empregador cometem falta grave, justificando, por sua vez, a resolução contratual.

Nesse sentido, a súmula 14 do TST complementa:

> "(...) Reconhecida a culpa recíproca na rescisão do contrato de trabalho (artigo 484 da CLT), o empregado tem direito a 50% (cinquenta por cento) do valor do aviso prévio, do décimo terceiro salário e das férias proporcionais."

Por fim, cabe destacar que, reconhecida a culpa recíproca num contrato por prazo indeterminado, o empregado fará jus, a título de indenização compensatória, a metade dos 40% do montante dos depósitos do FGTS conforme a Lei 8.036/1990, artigo 18, § 2º.

Vamos recapitular?

Aprendemos neste capítulo os princípios do direito do trabalho, as relações de trabalho e emprego, serviço voluntário, os tipos de contrato de trabalho e suas formas de resolução, como justa causa, despedida indireta e culpa recíproca.

Vimos que o ambiente de trabalho já está inserido no convívio social de todos aqueles que com ele se relacionam, de forma direta ou indireta: empregados, colaboradores, diretores, gerentes, fornecedores, clientes, entre outros.

E vimos também que o contrato de trabalho é o dispositivo legal que regulamenta a atividade laboral entre empregado e empregador. De acordo com o artigo 443 da CLT, classifica-se em verbal ou escrito, tácito ou expresso, por prazo indeterminado e por prazo determinado.

Agora é com você!

1) Dentre os princípios do Direito do Trabalho, qual você definiria mais importante e porquê?

2) Explique o princípio da irrenunciabilidade de direitos.

3) Em grupo, debatam sobre a importância do trabalho voluntário e descreva as suas principais vantagens.

4) Os benefícios previdenciários do empregado rural foram equiparados ao empregado urbano a partir de que lei? Atualmente, esses direitos são realmente equiparados ou há situações especiais que não seguem os mesmos critérios do empregado urbano?

5) Realize uma pesquisa sobre a recente conquista de direitos trabalhistas das empregadas domésticas, comente as principais mudanças que ocorreram durante os últimos anos.

5

Comunicação e Marketing Pessoal

Para começar

Este capítulo abrange a comunicação e o marketing como ferramentas para atingir o sucesso pessoal e profissional. Aprenderemos conceitos de relações humanas, empatia, comunicação verbal e não verbal, canais de comunicação, critérios de imagem e a importância do marketing pessoal nas organizações atuais.

5.1 Conceitos e aplicações

A comunicação e o marketing pessoal são ciências do conhecimento humano de extrema relevância para o sucesso pessoal e empresarial nas grandes organizações. Ambas atuam diretamente no convívio social, nas relações de consumo, no meio organizacional e também no desenvolvimento pessoal do ser humano como um todo.

Enquanto no marketing pessoal aprendemos técnicas de relacionamento e convívio social voltadas para o sucesso de quem as domina, na comunicação externamos esses domínios para uma amplitude muito maior de pessoas interessadas. Como exemplo, temos os cantores e jogadores de futebol reconhecidos internacionalmente.

5.2 Relações humanas no trabalho

No ambiente de trabalho, nos deparamos com todo o tipo de pessoas e suas personalidades, diversos gostos e opiniões. Pessoas que reagem de maneiras diferentes à mesma situação, que tem as suas crenças e que precisam diariamente conviver uma com a outra.

Aprender a lidar e conviver nesse meio é fundamental para se obter êxito em qualquer profissão. O respeito é importante durante essa convivência, porque nem sempre ela é fácil e muitas vezes você precisará agir com cautela e calma.

Essa relação é um grande desafio para todos, mas que, sendo bem aproveitada, pode lhe trazer amigos, companheiros, pessoas que estarão ao seu lado para te apoiar e te ajudar nessa delicada relação.

Um dos requisitos para se trabalhar nas organizações hoje em dia, é saber lidar com situações difíceis que possam surgir, e que muitas vezes são causadas pela relação que cada um tem com seu companheiro de trabalho.

Algumas pessoas se simpatizam mais com outras, isso é normal, mas vale salientar que para o sucesso de sua vida profissional você deve praticar a empatia com todos em sua volta, se mostrando interessada também no que a outra pessoa tem a dizer, saber escutar uma crítica e elogio e buscar um bom relacionamento com todos.

Veja a seguir, algumas dicas de convivência que serve para todos:

» respeitar a todos os colegas, independentemente de colocação profissional, setor ou função;

» demonstrar empatia;

» jamais ser irônico, agressivo, desrespeitoso etc.;

» se precisar fazer uma crítica, falar com cautela para não criar mágoas;

» dar atenção aqueles que querem falar com você;

» ter simplicidade de vida.

5.3 Comunicação

A comunicação é uma das áreas do conhecimento mais antiga e abrangente para o relacionamento humano. Desde os primórdios o homem se comunica, seja por gestos, olhares, símbolos, emoções, palavras etc. Até os animais irracionais se comunicam, mesmo de maneira simples, pois expressam sentimentos de afeto, conseguindo muitas vezes compreender os sentimentos do homem. Por exemplo, o cachorro domesticado que conhece os sentimentos de raiva de seu dono. Comunicar é um instinto natural, o qual é explicado a seguir.

Primeiramente definimos quem é quem:

a) Emissor: quem produz uma mensagem.

b) Receptor: quem recebe a mensagem, ou seja, é o alvo do emissor.

c) Mensagem: pode ser um comunicado, um som, um gesto, uma palavra, uma frase, sentimentos etc.

De forma genérica podemos dizer que há comunicação quando um emissor emite uma mensagem a um receptor e este a compreende perfeitamente.

Figura 5.1 - **Formas de comunicação: uso de megafone e jornal publicitário.**

EMISSOR » MENSAGEM » RECEPTOR

São exemplos de comunicação:

1) **Quando um guarda de trânsito faz sinal (com as mãos) de parada obrigatória, os motoristas compreendem a mensagem e param seus veículos.**
2) **Quando um professor pronuncia uma frase e há compreensão por parte dos seus alunos.**
3) **Quando uma mensagem veiculada no jornal é compreendida pelo leitor.**
4) **Quando um símbolo desenhado em algum lugar é perfeitamente compreendido por quem o observa.**

Figura 5.2 - **Através das expressões faciais, o nosso corpo também fala: demonstramos surpresa, medo, alegria etc.**

5.3.1 Conceito de empatia

Podemos conceituar de forma simples a empatia como a capacidade de perceber (compreender) o sentimento ou as reações emocionais de outra pessoa, apenas colocando-se no seu lugar, sentindo, de forma natural, suas angústias, tristezas, alegrias, como se fosse a vítima.

A empatia é extremamente necessária para o marketing, pois conseguir colocar-se no lugar do cliente, saber seus desejos, sentir seus anseios e angústias torna o ambiente mais natural, passa uma sensação receptiva, acolhedora, melhorando, e muito, a relação cliente e vendedor e, por consequência, atraindo mais vendas e oportunidades de negócios.

5.3.2 Comunicação verbal

Como observamos anteriormente, há comunicação quando um emissor transmite uma mensagem a alguém que a compreende perfeitamente. Porém, quando a comunicação é verbal, torna-se necessário que a mensagem seja simbolizada, ou seja, que exista um elemento gráfico, como uma palavra, uma frase ou um símbolo, de tal forma que o receptor consiga compreender. Por exemplo, um jornal escrito em hebraico que veicula uma mensagem publicitária é facilmente interpretado por um leitor que conhece a língua hebraica; caso contrário, apesar de haver uma comunicação verbal, ela se torna deficitária.

A comunicação verbal é simbolizada, ou seja, é qualquer passagem ou troca de informações entre um emissor e o receptor por meio de mensagem escrita (linguagem escrita) ou falada (linguagem falada), de tal forma que haja compreensão entre as partes.

O sucesso da comunicação verbal depende completamente da clareza das mensagens passadas, a qual está ligada à compatibilidade do acervo vocabular e intelectual dos envolvidos na troca de informações. Quando não existe certa clareza entre os comunicadores, há o que chamamos de ruído na comunicação.

A comunicação verbal divide-se em duas modalidades de comunicação, sendo escrita e falada.

5.3.2.1 Comunicação escrita

A comunicação escrita, apesar dos avanços tecnológicos, ainda é a mais utilizada para passar informações dentro do ambiente empresarial, pois permite melhor controle por parte das organizações. Uma ordem de serviço, por exemplo, é mais eficaz quando é escrita, pois além de passar uma mensagem a todos os funcionários de forma econômica, prende mais o funcionário quanto às suas observações, pelo simples fato de ser um registro e possuir valor jurídico.

Um dos meios de comunicação escrita muito utilizados também no meio organizacional é o e-mail corporativo. Além de ser econômico e registrar em banco de dados informações de grande porte, atinge uma amplitude de receptores em curto tempo. É um dos recursos mais utilizados pelas grandes empresas quando se fala em comunicação escrita.

Figura 5.3 - No Antigo Egito a escrita era registrada no hieróglifo e formada por desenhos e símbolos.

A comunicação escrita foi também o grande marco evolutivo na transmissão do conhecimento humano. Com ela o homem passou a contar com uma memória extracorpórea e ultrapassou os limites espaçotemporais na passagem de conhecimento, viabilizando a evolução intelectual e a busca constante de novos conhecimentos.

A comunicação verbal se diferencia das demais formas de comunicação, que tendem a apenas enviar mensagens, ao possibilitar a troca de informações entre emissor e receptor.

5.3.2.2 Comunicação falada

Por sua característica imediatista, a comunicação falada é majoritariamente utilizada nas relações interpessoais, sendo, ainda hoje, considerada a forma mais comum de se comunicar, apesar de todos os novos recursos comunicacionais existentes.

Ao contrário do que ocorre com a comunicação escrita, a falada é mais indicada para as relações informais, cuja comunicação ocorra de forma natural e não haja interesse de registro pelos comunicadores. Por exemplo, um bate-papo casual entre amigos ou uma paquera de final de expediente.

Vejamos a seguir algumas vantagens e desvantagens:

Vantagens da comunicação falada

» Passa uma sensação de afeto entre os comunicadores.
» É excelente para reuniões, conferências, palestras, treinamentos, punições disciplinares, conselhos, dúvidas e questionamentos.
» É rápida e prática.

Desvantagens da comunicação falada

» Atinge um público muito pequeno de destinatários.
» É difícil seu registro para uso como prova em litígios judiciais.
» Predomina o informalismo entre os comunicadores.

5.3.3 Comunicação não verbal

O gesto de comunicar é fantástico! Quem já não viu um piscar de olhos, um sorriso, um leve balançar da cabeça representando algo, uma dúvida, uma sugestão, ou até mesmo um dedo indicador convidando para um bate-papo?

Comunicar não é só escrever, falar ou pronunciar. É também se expressar de forma natural, seja por um sinal, um sorriso, um piscar de olhos etc.

A comunicação está ligada a qualquer forma de expressão em que exista uma mensagem interpretada por um receptor, que a compreende e executa.

As pessoas não se comunicam apenas por palavras. A postura, as expressões faciais, os movimentos dos olhos, do rosto, das pernas, das mãos; enfim, qualquer gesto, por mínimo que seja, conta a verdade sobre quem somos e o que sentimos e ajuda a traduzir o que as palavras muitas vezes não conseguem demonstrar.

Os movimentos faciais e corporais, os gestos, os olhares, a entoação são também relevantes, sendo os elementos não verbais da comunicação.

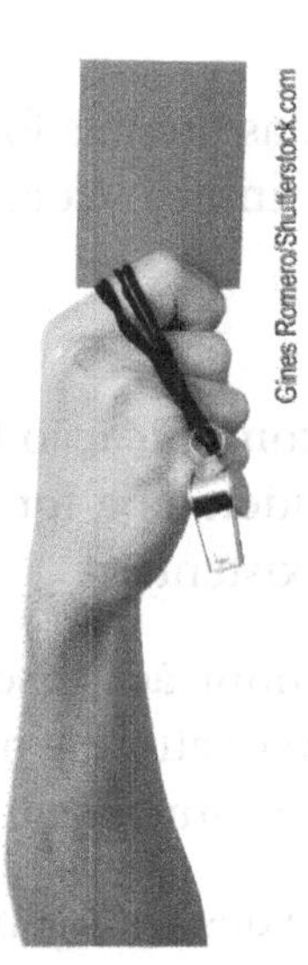

Figura 5.4 - Quem assiste a um jogo de futebol entende perfeitamente o significado de um cartão levantado por um árbitro, e este é um exemplo de linguagem não verbal.

5.3.3.1 Quando o corpo fala

Enquanto a comunicação verbal é plenamente voluntária, a não verbal geralmente é uma reação involuntária aos nossos sentimentos.

Muitos psicólogos e especialistas do comportamento humano afirmam que os sinais não verbais têm a função específica de regular e encadear as interações sociais, além de expressar emoções e atitudes interpessoais, bem como os sentimentos mais íntimos. Por exemplo, quando nos deparamos com a pessoa amada, um sorriso escapa de forma natural, pois nos sentimos bem, ficamos felizes.

Vejamos a seguir algumas dessas características comportamentais:

Expressão facial

É difícil analisar as emoções de uma pessoa apenas a partir da sua expressão fisionômica. Muitas vezes, a fisionomia do rosto transmite espontaneamente os sentimentos (um sorriso, um piscar de olhos, por exemplo), mas muitas pessoas tentam inibir a expressão emocional, dificultando sua análise.

Movimento dos olhos

Desempenha um papel muito relevante na comunicação não verbal. Por exemplo, um olhar fixo pode ser demonstrado como prova de interesse, mas em outro contexto pode significar ameaça, provocação etc. Desviar os olhos quando o emissor fala é uma atitude que tanto pode transmitir a ideia de submissão como a de desinteresse.

Movimento da cabeça

Tem por finalidade reforçar e sincronizar a emissão de mensagens, concordando com elas ou discordando.

Postura e movimentos do corpo

Para detectar alguns estados emocionais, a postura corporal pode fornecer pistas mais evidentes do que a mera expressão facial. Por exemplo, quando alguém está nervoso, o corpo fala como um todo: os olhos ficam irrequietos, os dedos trêmulos, a voz gagueja etc.

Comportamentos não verbais da voz

A voz também traz uma importante característica para análise do comportamento não verbal, pois sua entoação (qualidade, velocidade e ritmo) alterna conforme o estado emocional de seu locutor. Por exemplo, a voz de uma pessoa calma geralmente transmite mensagens mais claras do que a voz de uma pessoa agitada, nervosa.

5.3.4 Canais de comunicação para o sucesso profissional

Antes de falar nos canais de comunicação, precisamos entender a importância da Programação Neurolinguística, também conhecida pela sigla PNL, para a perfeita compreensão do tema.

A Programação Neurolinguística (PNL) pode ser definida como um conjunto de modelos, estratégias e crenças que seus praticantes utilizam, almejando o desenvolvimento pessoal, profissional e social no meio organizacional. Essa técnica, também chamada de "modelagem", baseia-se na ideia de que a mente, o corpo e a linguagem interagem para criar a percepção que cada indivíduo tem do mundo que o rodeia.

Desta forma, essa percepção possa ser alterada pela aplicação de uma variedade de técnicas e estratégias, que envolvem os comportamentos e as crenças daqueles que conseguiram atingir o tão almejado sucesso.

Quando ainda crianças, aprendemos na escola que possuímos cinco sentidos: visão, audição, olfato, tato e paladar. Todos eles são canais de comunicação pelos quais captamos as informações do meio em que vivemos.

No entanto, na Programação Neurolinguística (PNL), o olfato, o tato e o paladar foram agrupados e representados por um único termo, o chamado canal sinestésico. Sendo assim, os principais canais de comunicação para atingir o sucesso pessoal e profissional são o visual, o auditivo e o sinestésico.

É interessante observar que, conforme estudos da PNL, o ser humano utiliza preferencialmente um desses canais para se comunicar, ou seja, algumas pessoas são mais visuais, outras mais auditivas e outras mais sinestésicas.

Dominar esses canais de comunicação, conhecendo-os profundamente, facilita a compreensão das características pessoais das outras pessoas. Com isso, temos mais domínio da situação, podendo atuar diretamente na sinestesia daquele que pretendemos influenciar e conquistar. Por exemplo, um vendedor de carros, ao perceber que seu cliente é mais visual, pode procurar ilustrar o carro, comentando suas cores, designe, características físicas, de tal forma que ele consiga realmente visualizar o carro, aumentando a chance de negócio.

Conhecer os canais de comunicação é uma ferramenta essencial para todos os profissionais que lidam com pessoas, pois saber seus anseios, atuando diretamente pelo meio de comunicação mais adequado, é um ponto diferencial do marketing nesse mercado altamente competitivo, ainda mais para atingir o sucesso profissional.

Vejamos a seguir as principais características desses canais de comunicação.

5.3.4.1 Canal de comunicação visual

As pessoas que têm o canal visual mais aguçado que os demais sentidos apreciam o que veem e observam. Suas percepções estão na beleza, na estética, nos detalhes visuais. Suas escolhas são direcionadas pela beleza, daí vem sua inquietação com uma casa bagunçada, um ambiente de trabalho desordenado, uma pessoa malvestida. Em contrapartida, apaixonam-se pela perfeição estética das coisas: um belo penteado, um sorriso, uma mesa de trabalho perfeitamente organizada, um veículo com todos os acessórios etc.

São características dessas pessoas:

- Ritmo de fala rápido. Parecem ler o que falam quando conversam.
- Seu tom de voz é alto e claro.
- São pessoas organizadas e bem vestidas.
- Com frequência são magras, pois valorizam muito a aparência.
- Memorizam mais facilmente vendo imagens e figuras.

- Possuem dificuldades em lembrar de instruções verbais.
- Seu vocabulário é composto, com predominância, por palavras que denotam visão, por exemplo: ver, imagem, cor, nítido, olha, observa, claro, escuro, imagina etc.
- Nas relações profissionais, valorizam mais os méritos visuais (diplomas e medalhas) do que os méritos verbais (salva de palmas ou simples parabéns).

5.3.4.2 Canal de comunicação auditivo

As pessoas que têm o canal auditivo mais aguçado que os demais sentidos valorizam a inteligência, o diálogo aprofundado e o bom-senso. Como possuem o canal auditivo mais desenvolvido, não suportam barulho, vozes estridentes, ofensas, gritos, som alto etc.

Possuem excelente memória para som e coisas que ouviram há muitos anos. Valorizam mais as palavras ditas do que gestos ou coisas visuais. Por exemplo, pessoas auditivas preferem ouvir palavras românticas (eu amo você) a um buquê de flores.

São características dessas pessoas:

- Ritmo de fala médio; parecem selecionar as palavras quando falam.
- Têm grande facilidade de repetir o que ouvem; aprendem ouvindo.
- Gostam muito de músicas altas e de conversar assuntos diversos.
- Elas selecionam as palavras para construírem suas frases, preocupam-se em apresentar uma fala bem elaborada, bonita.
- Seu vocabulário é composto, com predominância, por palavras que denotam audição, por exemplo: ouvir, falar, som, ecoar, sintonia, escuta, silêncio, anunciar, boato, barulho, chamar, comentário, declarar, dizer, descrever etc.
- Nas relações profissionais, valorizam mais os méritos auditivos (elogios verbais e palmas) do que os méritos visuais (diplomas e medalhas).

5.3.4.3 Canal de comunicação sinestésico

As pessoas que têm o canal sinestésico mais aguçado que os demais sentidos centram suas experiências nas demonstrações práticas. Gostam de tocar, beijar e sentir. Abraços, carinhos e aconchegos fazem muito bem a elas.

São características dessas pessoas:

- Ritmo de fala lento e macio, como se não estivessem preocupadas com nada.
- Possuem um tom de voz baixo e com pequenas pausas.
- Enquanto falam, têm por hábito tocar o próprio corpo e também o de outras pessoas.
- Memorizam facilmente as coisas em que mexem ou quando fazem algo prático.
- Gostam de sentir o mundo, as coisas e as pessoas.

- Seu vocabulário é composto, com predominância, por palavras que denotam sinestesia, por exemplo: sentir, pegar, tocar, áspero, macio, molhado, suave, segurar, apertar, sofrer, sólido, líquido etc.
- Adoram um beijo e um abraço.

De todos os outros sentidos, podemos dizer que as pessoas sinestésicas são as mais sofridas, pois todas as suas experiências são práticas; precisam tocar para poder realizar-se. E quando não são correspondidas, sentem-se agredidas, tornando-se um alvo fácil para as más experiências do mundo.

5.4 Marketing pessoal

Atualmente o marketing está presente em todas as áreas da vida. Um produto bom, um carro de qualidade, um bom jogador, um ótimo livro dependem, além de um trabalho eficiente, de um excelente departamento de marketing que, fazendo propagandas direcionadas, estratégias e parcerias comerciais, busca num mercado altamente competitivo o reconhecimento social, a consolidação da marca, a valorização do produto pelos consumidores e, por consequência, muitas vendas.

A finalidade do marketing é criar valor e satisfação no cliente, gerindo relacionamentos lucrativos para ambas as partes. No marketing pessoal isso não é diferente, apenas muda o escopo; desta vez buscamos o sucesso pessoal e profissional do ser humano diante de uma sociedade altamente competitiva e organizada.

O marketing pessoal é diretamente relacionado com o sucesso pessoal, profissional e social das pessoas. É saber construir uma carreira por méritos, renúncias e conquistas, trabalhar o lado emocional a seu favor, conquistar as pessoas ao redor, ter jogo de cintura diante de situações de conflito, vender da melhor forma seu potencial e seus pontos positivos, omitir informações negativas e ser feliz.

javi_indy/Shutterstock.com

Figura 5.5 - Jovem rapaz ajeita-se da melhor maneira possível, uma das características do marketing pessoal.

5.4.1 Critérios de imagem

Saber portar-se em público, falar diante de autoridades, vestir-se de forma apropriada para cada momento, reconhecer a hora e o lugar para indagar, questionar ou criticar, usar as técnicas de interação pessoal e social para o sucesso profissional são estratégias do marketing pessoal que norteiam a nossa imagem perante a sociedade.

Vejamos a seguir alguns pontos essenciais para obter sucesso:

1) Ser notado com frequência por suas aparições tolas é péssimo, pois sempre será lembrado por momentos desagradáveis, situações constrangedoras, como um péssimo profissional.

2) Procure sempre falar palavras positivas, bonitas e motivadoras. Sempre que possível, elogie o trabalho dos colegas, seja amigo. Jamais fale mal de alguém num ambiente de trabalho; seja discreto em suas observações.

3) Compartilhe os bons momentos da vida. Sempre que possível, lembre-se do aniversário das pessoas próximas, faça um pequeno bolo e cante parabéns, dê presentes. Com certeza você também será lembrado!

4) Você deve ter liderança, desenvolvendo assim habilidades de influenciar pessoas e ser um formador de opinião. Seja justo e ético sempre.

5) Procure transmitir confiança aos seus superiores e companheiros de trabalho. Você deve ser aquele em quem todos podem confiar: como pagar contas, efetuar saques bancários, receber cartas confidenciais, ser uma pessoa discreta e altamente confiável.

6) Saiba o que está fazendo e por quê. Não seja um amador que só obedece a ordens. Diferencie-se, torne-se um especialista em suas atividades e o motivo para a execução delas.

7) Procure sempre trabalhar em equipe e administrar conflitos. Não seja egoísta, colabore para o desenvolvimento de seus colegas de trabalho. Afinal, uma equipe unida produz mais, melhor e com maior satisfação.

8) Busque a valorização do seu trabalho e apresente bons resultados. Procure ser notado, tenha uma boa visibilidade. Sempre que tiver oportunidade, além dos resultados, apresente seus projetos e ideias, mesmo que informalmente, aos seus superiores.

9) Seja um profissional otimista e bem-humorado. Profissionais bem-humorados proporcionam um ambiente de trabalho agradável e irradiam bem-estar, por isso vivem sempre cercados por pessoas felizes.

10) Arrume-se sempre muito bem. Use boas roupas, bons calçados, ande perfumado e asseado, vista-se da melhor maneira possível, todos os dias, até mesmo para ir à padaria comprar pão, pois as oportunidades surgem a qualquer momento e devemos estar preparados para recebê-las.

5.5 Sucesso profissional

Muitos profissionais que almejam uma carreira promissora se perdem na ilusão de acreditar que o sucesso profissional provém apenas de uma boa escolaridade, de ter uma boa condição financeira, de se relacionar com pessoas influentes na sociedade etc., o que é um grave engano.

Existem atitudes muito mais simples que comprovam algumas virtudes praticadas pelo homem e o elevam a uma posição de destaque na área profissional ou social. Veremos a seguir algumas dessas virtudes tão importantes na atualidade. Independentemente da origem social, da classe econômica ou do nível de escolaridade do indivíduo, se essas atitudes forem praticadas com dedicação, o sucesso profissional virá naturalmente.

5.5.1 Simplicidade

A vida é feita de oportunidades, renúncias e conquistas. Mas de onde vêm as oportunidades? Essa é uma pergunta difícil de responder, mas simples de praticar: basta ter simplicidade!

Ao contrário do que muitos pensam, é da simplicidade que surgem as grandes oportunidades. Às vezes, você pode estar se sentindo desamparado, amargurado e derrotado a ponto de só enxergar as oportunidades dos outros, chegando, muitas vezes, a dizer: "Nossa, como Fulano tem sorte!", "Sicrano tem tantas oportunidades e eu não tenho nada.", "Ah, se eu tivesse essa oportunidade!". Isso pode fazer, inclusive, com que você seja considerado invejoso.

Mas entenda: você tem tantas oportunidades quanto qualquer outro. Acredite! Não é preciso ter nascido em berço de ouro para almejar a prosperidade. A origem familiar ajuda muito, mas não é garantia de prosperidade a ninguém, e muito menos de conquistas. Afinal, rico não é o que mais tem, mas aquele que de menos precisa. Não é verdade?

A simplicidade tem o poder de transformar as pessoas. Ela cria oportunidades de forma natural, ajuda os oprimidos e combate a arrogância.

Quando falamos em simplicidade, não queremos dizer na forma de se vestir, de se alimentar ou de se comunicar. Falamos das nossas atitudes com os semelhantes, da maneira como enxergamos o mundo e como agimos em relação a ele.

Você já ouviu o ditado que diz que colhemos tudo que plantamos? Então, é disso que estamos falando. Se você plantar boas atitudes, será lembrado também nas boas oportunidades.

Por que nós, que somos seres tão insignificantes perante a magnitude do universo, não podemos ser simples? A simplicidade de um "Bom dia!", de um aperto de mão, de um abraço, de um elogio, de ser educado com o próximo, de um sorriso; é essa simplicidade que fará a diferença no futuro.

Quando desenvolvemos a simplicidade, ficamos simpáticos naturalmente. E, sendo simpáticos, conquistamos as pessoas. Até os nossos inimigos, quando diante de um simples sorriso, mudam suas atitudes para conosco. Pode acreditar, é verdade!

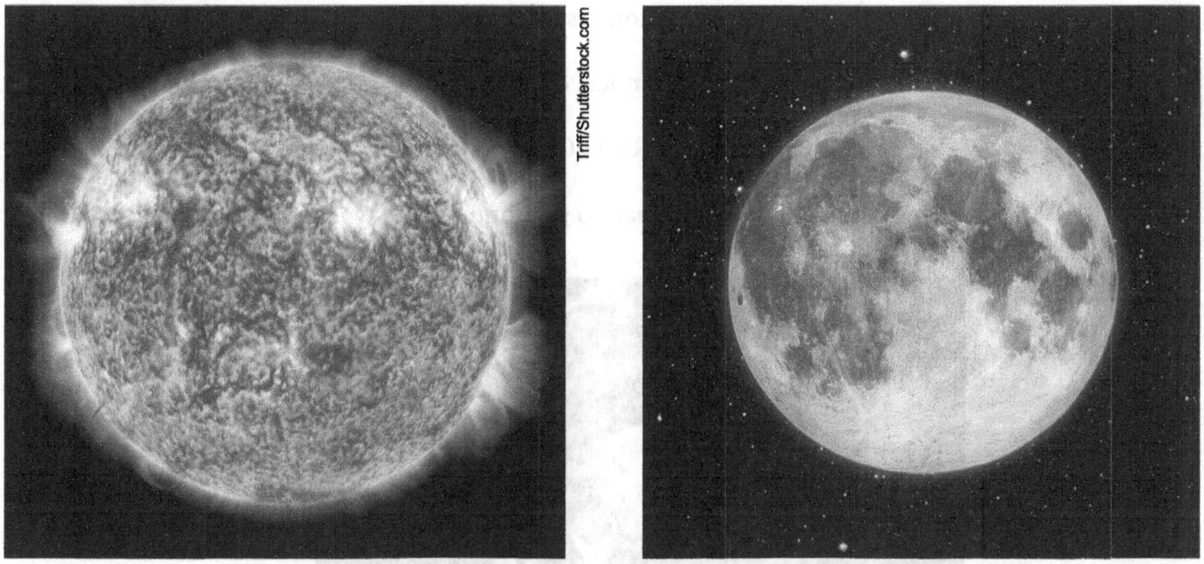

Figura 5.6 - Veja um exemplo inexplicável de simplicidade: até o Sol, nossa estrela mais radiante, com tanto calor e brilho, tem a simplicidade de se pôr aos pés da escuridão para deixar a Lua brilhar.

Há pessoas que gastam o que não têm para comprar coisas de que não precisam, e mostrar àqueles de quem não gostam. E para quê? Fazendo isso, apenas demonstramos arrogância, um afastamento social que culminará com a renúncia de muitas oportunidades.

A simplicidade te levará às alturas. Por onde você caminhar, deixará um rastro de inspiração e saudades. Todos à sua volta se curvarão diante de suas belas atitudes!

5.5.1.1 A parábola do menino pobre e da balconista

Vejamos a seguir uma parábola escrita de forma simples, mas que nos traz um verdadeiro exemplo de simplicidade de vida:

> Carlinhos Boa Ventura, conhecido como Venturinha, aos 12 anos de idade, era vendedor de limão em bares, boates e pequenos comércios no recôncavo baiano.
>
> Menino pobre por natureza, foi abandonado pelos pais em sua primeira lembrança de vida. Seu sustento basicamente era comprar limão na roça por um preço mais em conta, e posteriormente revendê-lo no comércio local, próximo ao túnel em que morava junto com seu inseparável cão, chamado "Pituco".
>
> Certo dia, muito chuvoso, a tarde de péssimas vendas fazia cair do céu uma chuva que Deus mandava! Todo molhado, com a barriga vazia de alimentos e as lombrigas já à flor da pele, Venturinha não encontrou alternativa a não ser buscar refúgio numa conhecida padaria, de muito requinte, onde trabalhava uma linda balconista, de belo sorriso, com um semblante um pouco duvidoso. Ora paquerando a bela balconista, ora os deliciosos quitutes presentes na vitrine, aproximou-se, e numa linguagem bem simples, soltou as seguintes palavras:
>
> - Moça, por favor, quanto custa este pequeno doce?

E ela, num tom desmerecedor, respondeu: R$ 3,50.

Diante da resposta da bela moça, ele recontou as moedas, e novamente indagou:

- Você poderia fazê-lo por R$ 3,00?

E ela, com o olhar voltado para o granfino que estava logo atrás do menino, negou!

Figura 5.7 - Venturinha contando as moedas.

Venturinha afastou-se da fila e voltou a procurar na extensa vitrine algo que pudesse pagar. Procurou, procurou e procurou... Quando já estava desistindo, encontrou logo embaixo, na última bandeja do balcão, apenas um pão de queijo, com uma etiqueta quase apagada no valor de R$ 3,00.

Os olhos do menino voltaram a brilhar! Contente por encontrar algo que estava ao seu alcance, voltou para a fila, e quando chegou sua vez, a moça, já desgastada, lhe perguntou novamente:

- O que você quer agora?

Enquanto ele, com o dedo indicador todo trêmulo, apontou para o pãozinho, demonstrando tamanha fome, ela, sem falar nada, pegou o pão e lhe entregou, exigindo de imediato o pequeno valor.

Venturinha entregou-lhe as míseras moedas e, numa simplicidade inspiradora, depositou em seguida na caixinha de Natal que ficava sobre o balcão a moeda de R$ 0,50 restante; e saiu sorrindo da padaria com seu pão de queijo, agora conquistado.

A bela moça, ao perceber a atitude do menino, emocionou-se fortemente. Rasgou o avental, abandonou todos os outros clientes que aguardavam na fila e foi embora, deixando o local com os olhos em lágrimas, e uma atitude a repensar...

5.5.2 Aprender com as dificuldades

É durante as dificuldades da vida que fortalecemos os laços de afeto, ganhamos garra e perseverança, e encontramos diversas oportunidades; assim como aprendemos com os erros do passado e nos preparamos para as fortes tempestades que virão.

Há um velho ditado que há muito tempo nos ensina: "O choro pode durar uma noite, mas a alegria vem pela manhã."

Muitas pessoas, após o primeiro obstáculo, desistem com naturalidade, perdendo o foco inicial. Apenas os bravos perseverantes não se deixam levar pelas pedras que surgem no caminho; pelo contrário, eles procuram entender seus erros e combater as dificuldades até derrotá-las, pois sabem que os erros do passado podem se tornar grandes acertos no futuro, às vezes, em uma oportunidade muito melhor e mais gratificante.

5.5.3 O amor à família

A família exerce um papel essencial para o sucesso de qualquer objetivo. O apoio familiar é importante em todas as fases da vida, principalmente durante os momentos mais difíceis. Todos devem se unir em prol do sucesso de seus entes queridos.

O voto de confiança depositado por um pai chega como fôlego de garra e perseverança aos ouvidos do amado filho. Palavras motivadoras como "você vai conseguir", "continue assim", "você já é vitorioso", "que orgulho", "Parabéns!" demonstram claramente o amor da família e o apoio incondicional para uma vida melhor, mais justa e mais humanizada.

5.5.4 O desejo de ser campeão

Tudo o que é bom na vida é difícil de conquistar. De forma semelhante a uma maratona, em que a primeira colocação é marcada por muita garra e perseverança, a renúncia faz parte da corrida para o sucesso profissional.

A garra e a perseverança nos estudos, a busca por uma vida melhor, o brilho nos olhos e o puro desejo de ser campeão devem fazer parte do cotidiano daquele que almeja ser o melhor. É isso que contribui para o sucesso profissional.

Porém, o que nos faz entender a verdadeira simplicidade das coisas é sempre reconhecer que precisamos crescer; e que sempre haverá alguém melhor e mais preparado que nós. Assim, nos dedicaremos sempre a aprimorar nosso trabalho, buscando melhorias.

Vamos recapitular?

Neste capítulo aprendemos, que a comunicação é uma das áreas do conhecimento mais antiga e abrangente para o relacionamento humano. Desde os primórdios o homem se comunica, seja por gestos, olhares, símbolos, emoções, palavras etc.

Apresentamos a comunicação e o marketing como ferramentas para atingir o sucesso pessoal e profissional, os conceitos de empatia, comunicação verbal e não verbal, canais de comunicação, critérios de imagem e a importância do marketing pessoal nas organizações atuais.

De forma genérica podemos dizer que há comunicação quando um emissor emite uma mensagem a um receptor e este a compreende perfeitamente. E comunicar não é só escrever, falar ou pronunciar. É também se expressar de forma natural, seja por um sinal, um sorriso, um piscar de olhos etc.

Saber portar-se em público, falar diante de autoridades, vestir-se de forma apropriada para cada momento, reconhecer a hora e o lugar para indagar, questionar ou criticar, usar as técnicas de interação pessoal e social para o sucesso profissional são estratégias do marketing pessoal que norteiam a nossa imagem perante a sociedade.

Agora é com você!

1) Em sua opinião, qual a importância do marketing pessoal?
2) O que são critérios de imagem?
3) Para atrair mais vendas e oportunidades de negócios, você considera importante colocar-se no lugar do cliente e saber seus desejos? Comente com suas palavras.
4) Você se identifica como uma pessoa visual, auditiva ou sinestésica? Por quê?
5) Em sua opinião, quais dificuldades uma pessoa que não gosta de se comunicar com outras pessoas do seu ambiente de trabalho, enfrentará no dia a dia?

6

Gestão de Qualidade

Para começar

Este capítulo finaliza a obra comentando um dos temas mais relevantes do ambiente organizacional, a gestão de qualidade. Explica a evolução do conceito de qualidade, tipos de gerência, princípios da qualidade total, NBR série ISO 9000, sistemas de garantia de qualidade, ferramentas e muito mais.

6.1 Conceitos

A gestão de qualidade é uma oportunidade de investimento que a organização possui para se adequar a um mercado de consumo cada vez mais competitivo, em que a qualidade de um produto, a excelência na prestação dos serviços e a constante valorização dos clientes são diferenciais qualitativos muito bem vistos pela sociedade consumidora.

Ela tem como pontos básicos a atenção às necessidades dos clientes, o trabalho em equipe, decisões baseadas em fatos e dados, a busca contínua de soluções aos problemas e reduções de erros, constante melhoria de seus produtos e serviços, respeito e perfeição na relação com seus clientes e colaboradores etc.

Figura 6.1 - Símbolos de certificação ISO de qualidade.

A qualidade é considerada, atualmente, algo que afeta a vida das organizações e de cada um de nós como seres humanos. Ela tem a capacidade de afetar os nossos sentimentos mais íntimos de uma forma muito simples. Por exemplo, o fato de ser maltratado em um atendimento telefônico ou comprar um produto danificado cria um sentimento de revolta e angústia no consumidor, o suficiente para prejudicar o sucesso de uma empresa ou até mesmo, se ocorrer por mais vezes, levar à falência uma grande organização.

Finalizamos este livro comentando um dos temas mais relevantes do ambiente organizacional, a gestão de qualidade. Explicamos ao longo do capítulo a evolução do conceito de qualidade, os sistemas de gestão, os princípios da qualidade total, a norma ISO 9000, bem como as principais ferramentas de qualidade usadas atualmente.

6.2 Evolução do conceito de qualidade

A antiga norma internacional ISO 8402 (cancelada em 29/01/2001 e substituída pela NBR ISO 9000:2000) trouxe a seguinte definição para a qualidade:

> Qualidade é a totalidade dos aspetos e características de um produto ou serviço relacionado à sua capacidade de satisfazer as necessidades declaradas ou implícitas.

Analisando esta definição, podemos identificar diversos conceitos, entre os quais salientamos:

a) adequação ao uso ou ao objetivo;

b) relação custo/benefício;

c) confiabilidade;

d) satisfação do cliente;

e) conformidade aos requisitos.

6.2.1 Evolução histórica

A qualidade sempre esteve presente em nossas vidas, pois desde a antiguidade a qualidade dos produtos e dos serviços sempre foi fator importante. Na época dos faraós egípcios, já haviam detalhado um sistema de documentação relativo aos enterros da nobreza, conhecido como Livro dos Mortos.

O *Livro dos Mortos* descrevia o modo como os rituais deveriam ser conduzidos, especificando como os bens pertencentes aos mortos deveriam ser preparados e ajustados junto com o cadáver. Ele também padronizava os procedimentos de sepultura e, uma vez atingido o padrão requerido, era aplicada uma marca do superintendente da necrópole, como forma de valorização do serviço prestado.

Diversas outras histórias sobre qualidade requerida na antiguidade são conhecidas, sendo públicos os fatos ocorridos na Indonésia, China antiga, Europa medieval, Alemanha etc.

Foi na ocasião da I Guerra Mundial que o conceito de qualidade ligado ao conceito de confiabilidade tornou-se notório, à medida que os cientistas ingleses necessitavam melhorar a confiabilidade dos motores dos aviões de combate, permitindo que eles regressassem à sua base sem problemas de falhas mecânicas, perfeitos. Entretanto, a esses nobres cientistas faltava a principal ferramenta de gestão, que era, sem sombra de dúvidas, a normatização dos procedimentos.

Como bem ensina Juran (1988), a primeira tentativa de normatizar a qualidade deu-se nos Estados Unidos, no campo bélico (militar), principalmente durante a II Grande Guerra Mundial, tendo resultado na Military Standard 9858 (MILSTD9858), que é a especificação de um sistema da qualidade, e na MILSTD 45208, que descreve os requisitos de um sistema de inspeção. Estas duas normas formaram a base de uma série de normas destinadas ao uso da OTAN (Organização do Tratado do Atlântico Norte) e que são conhecidas como Publicações Aliadas para a Garantia da Qualidade números 1, 4 e 9 (AQAP).

Embora o Reino Unido (Grã-Bretanha) fosse um país membro da OTAM, não aceitou as AQAPs e, em seu lugar, criou uma série de normas similares conhecidas como Normas de Defesa (Defense Standards). O processo evolutivo das normas continuou até que, em 1979, foi editada na Grã-Bretanha a 1ª edição da norma BS 5750, baseada nas AQAP 1, 4 e 9, e que serviu de ponto de partida para as normas internacionais da série ISO 9000.

Em contrapartida, cada país já possuía, a esta altura, a sua própria norma de qualidade, exigindo que o fabricante/fornecedor de um terceiro país fornecesse o produto de acordo com a norma de qualidade do país importador. Com isso, as normas dos diferentes países não eram compatíveis, e a indústria mundial sentia/vivia um autêntico drama na padronização da qualidade, pois o que era qualidade para os franceses não era para os ingleses e/ou alemães etc.

Esses problemas então gerados fizeram com que o Comitê da Organização Mundial de Normalização (ISO), sob a direção do Canadá, iniciasse os trabalhos que culminaram, em 1987, com a publicação das normas internacionais ISO 9000, baseadas na norma inglesa BS 5750, padronizando o conceito de qualidade para toda a Europa comunitária e para os outros países que a adotaram.

6.2.2 Evolução da qualidade no Brasil

A evolução da qualidade no Brasil foi realmente percebida somente após o início dos anos de 1990, quando surgiu um movimento coordenado e global em prol da qualidade. Até então só havia ações isoladas de alguns segmentos da sociedade, que buscava a qualidade de seus serviços e produtos.

A partir da década de 1990, este movimento em prol da qualidade teve um crescimento surpreendente no País, atingindo um patamar avassalador para a gestão de qualidade, conforme podemos perceber na passagem do gráfico seguinte:

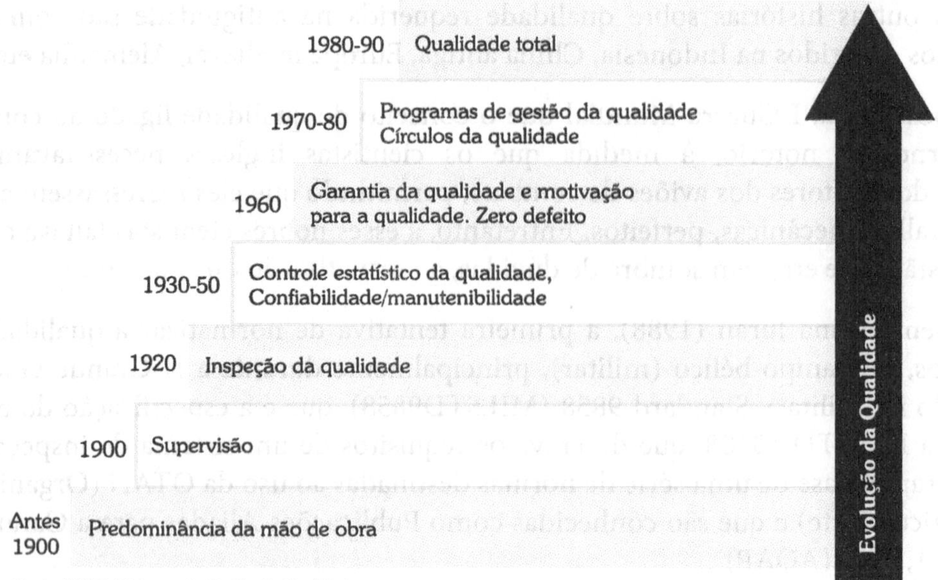

Fonte: PIRES. Sistemas de Gestão da Qualidade

Figura 6.2 - Evolução da qualidade ao longo dos anos.

Segundo alguns especialistas, foi no final do segundo milênio que o movimento brasileiro pela qualidade chegou ao seu ápice, tornando-se o segundo mais vigoroso programa em favor da qualidade em todo o mundo.

Vejamos no quadro a seguir um breve resumo das principais conquistas desse movimento em prol da qualidade:

Tabela 6.1 - Evolução da qualidade no Brasil

Ano	Eventos
1876	Criação do Instituto Nacional de Pesos e Medidas (INPM), RJ.
1922	Criação do Instituto Nacional de Tecnologia (INT), RJ.
1930	Criação de Pesquisas Tecnológicas (IPT), SP.
1940	Criação da Associação Brasileira de Normas Técnicas (ABNT), em 28/09/40, RJ.
1973	Criação do Instituto Nacional de Metrologia, Normatização e Qualidade Industrial (INMETRO), em substituição ao INPM, RJ.
1974	Criação da Fundação Cristiano Ottoni, ligada à Universidade Federal de Minas Gerais. Criação da Associação Brasileira para o Controle da Qualidade (ABCQ), São Bernardo do Campo, SP.
1978	Criação do Instituto Brasileiro da Qualidade Nuclear (IBQN), RJ. Enviada ao Japão a primeira turma de brasileiros para ser treinada pela Japanese Union of Scientists and Engineers (JUSE).
1981	Criação da Associação Mineira de Círculos de Controle da Qualidade (AMCCQ), MG.
1982	Ishikawa ministra uma série de palestras para executivos brasileiros.
1983	Feigenbaum ministra uma série de palestras para executivos brasileiros. Realizado o I Seminário de Garantia da Qualidade do Instituto Brasileiro do Petróleo (IBP), SP.
1985	Crosby ministra uma série de palestras a executivos brasileiros.
1986	Deming ministra uma série de palestras a executivos brasileiros. Lançado, pelo governo, o Projeto de Especialização em Gestão da Qualidade (PEGQ).

Ano	Eventos
1987	Criado o curso de pós-graduação lato sensu em Controle da Qualidade na Universidade Católica de Petrópolis, RJ.
1988	Criada a subárea de mestrado em Qualidade Industrial do Programa de Engenharia de Produção da COPPE/UFRJ, e início da primeira turma.
1989	Emitido o primeiro certificado ISO 9000 no Brasil. Criada a Marca de Conformidade do INMETRO.
1990	Lançado o Programa Brasileiro da Qualidade e Produtividade (PBQP). Instituído novembro como o mês da qualidade. Promulgado o Código de Defesa do Consumidor, Lei 8.078, de 11/09/90. Realizado o Congresso Internacional de Normatização e Qualidade da ABNT, SP. Lançado pela presidência da VARIG - maior empresa privada nacional - o Processo TQC, Compromisso VARIG com a Qualidade. Lançada a série de normas NBR-19000, tradução da série ISO 9000, pela ABNT.
1991	Realizado o I Congresso Brasileiro da Qualidade e Produtividade da UBQ, Vitória, ES. Publicado um dos primeiros trabalhos no mundo sobre os Princípios de Deming aplicados à Educação: Deming vai à Escola. Criada a Fundação para o Prêmio Nacional da Qualidade.
1992	Criado o Comitê da Qualidade - CB25 da ABNT. IBM Sumaré recebe o 1º Prêmio Nacional da Qualidade (PNQ), categoria Indústria. Realizado o II CBQP/VIII Congresso Nacional de Círculos de Controle da Qualidade da UBQ, Rio de Janeiro, RJ.
1993	Realizado o III CBQP/IX CNCCQ da UBQ, Gramado, RS. Xerox ganha o PNQ na categoria Indústria.
1994	Realizado o IV CBQP/X CNCCQ da UBQ, Belo Horizonte, MG. Citibank ganha o PNQ na categoria Serviços. Criado o Instituto da Qualidade Automotiva (IQA), São Paulo, SP.
1995	Realizado o V CBQP /XI CNCCQ da Associação Paranaense para a Qualidade, Curitiba, PR. SERASA ganha o PNQ na categoria Serviços - primeira empresa nacional a recebê-lo.
1996	Emitido o milésimo certificado ISO 9000, em solenidade oficial no Rio de Janeiro. Defendida e registrada a 42a tese de mestrado em Qualidade na COPPE/UFRJ. Realizado o VI CBQP/XII CNCCQ da UBQ, Salvador, BA. Alcoa Alumínio S/A - Poços de Caldas ganha o PNQ na categoria Indústria.
1997	Citibank Corporate Banking na categoria Prestadora de Serviços, Copesul Cia. Petroquímica do Sul e Weg Motores Ltda. na categoria Manufaturas ganham o PNQ. Realizado pela UBQ o VII CBQP/XIII CNCCQ, Vitória, ES.
1998	Siemens Divisão Telecomunicações ganha o PNQ na categoria Manufaturas. Realizado o VIII CBQP/XIV CNCCQ, Rio de Janeiro, RJ.
1999	Caterpillar Brasil Ltda. ganha o PNQ na categoria Manufaturas. Cetrel S.A. Empresa de Proteção Ambiental ganha o PNQ na categoria Médias Empresas. Realizado o IX CBQP/XV CNCCQ pela UBQ/RN, Natal, RN.
2000	SERASA Centralização de Serviços dos Bancos S/A ganha o PNQ na categoria Grandes Empresas. Realizado o X CBQP/XVI CNCCQ pela Associação Gaúcha para a Qualidade, Gramado, RS.
2001	Bahia Sul Celulose S/A ganha o PNQ na categoria Grandes Empresas. Realizado pela UBQ o XI CBQP/XVII CNCCQ, Ouro Preto, MG.

Ano	Eventos
2002	Gerdau Aços Finos Piratini e Politeno Indústria e Comércio S/A ganham o PNQ na categoria Grandes Empresas. Irmandade da Santa Casa de Misericórdia de Porto Alegre ganha o PNQ na categoria Organizações sem Fins Lucrativos. Realizado o XII CBQP UBQ, Vitória, ES.
2003	Dana Albarus - Divisão de Cardans ganha o PNQ na categoria Grandes Empresas. Escritório de Engenharia Joal Teitelbaum ganha o PNQ na categoria Médias Empresas. Realizado o XIII CBQP da UBQ, Rio de Janeiro, RJ.
2004	Realizado o XIV CBQP da UBQ, Gramado, RS. Realizado pela ABNT o Seminário Internacional: Qualidade, Sustentabilidade & Responsabilidade Social, São Paulo, SP.
2008	A Câmara Municipal de Barueri é a primeira câmara municipal do país a receber a certificação SA 8000, Norma de Responsabilidade Social, Barueri, SP.
2012	Prêmio Arte Qualidade Brasil, que homenageia os maiores destaques da TV e do teatro brasileiro e incentiva, principalmente, a qualidade artística.

6.3 Sistemas de Gestão de Qualidade

O Sistema de Gestão da Qualidade (SGQ) permite dirigir e controlar uma organização no que diz respeito à qualidade, conforme prescreve a norma ISO 9000:2000.

Em outras palavras, o SGQ pode ser definido como um conjunto de elementos interligados na organização, que trabalham de forma coordenada para estabelecer, implementar e alcançar o cumprimento da política e dos objetivos de qualidade implantados pela empresa, dando consistência aos seus produtos e serviços de tal forma que satisfaçam as necessidades e expectativas dos seus clientes.

Ele proporciona confiança à alta direção nas tomadas de decisão, pois possibilita a leitura de indicadores de desempenho precisos e confiáveis, bem como viabiliza medir a eficiência e verificar a eficácia das ações tomadas, com foco específico na satisfação do cliente e na melhoria contínua dos processos.

Fique de olho!

Até o presente momento, 175 países adotam e reconhecem as normas ISO como parâmetro para o Sistema de Gestão da Qualidade (SGQ) nas mais variadas atividades empresariais.

6.3.1 Certificação ISO

A ISO (International Organization for Standardization), localizada em Genebra, Suíça, é o organismo internacional responsável por ditar as normas do Sistema de Gestão de Qualidade, bem como desenvolver guias que ajudam assegurar a boa prática das atividades relacionadas às normas da família ISO 9000.

A série de normas ISO 9000 representa um consenso internacional de boas práticas de gestão, com o propósito de assegurar que a empresa possa continuamente atender as exigências de qualidade para com seus clientes.

As empresas que pretendem adotar o Sistema de Gestão de Qualidade para obter certificação ISO 9001:200 passam por um longo processo de alinhamento de seus procedimentos de trabalho, ajustes tecnológicos físicos e de pessoas, além de serem auditadas por organismos certificadores. Por isso, é importante que o Organismo Certificador tenha capacitação e competência comprovadas para que o certificado tenha credibilidade.

Fique de olho!

Cabe observar que a ISO (organização) não concede certificados ISO 9000, e muito menos avalia sistemas da qualidade de empresas para confirmar se estão, ou não, em conformidade com a norma.

A ISO é uma certificação muito almejada pelas organizações, pois quem a detém é sinônimo de qualidade. Ela especifica requisitos para a gestão da qualidade quando uma organização:

» precisa demonstrar sua habilidade em fornecer produtos que atendam às necessidades dos clientes e aos requisitos regulatórios aplicáveis;

» almeja alcançar a satisfação dos clientes pela efetiva aplicação do SGQ, incluindo processo para a melhoria contínua do sistema e a garantia de conformidade com os requisitos do cliente e requisitos regulatórios aplicáveis.

6.3.1.1 Processo de certificação ISO

Como todo processo de certificação, existe uma formalidade de atitudes e procedimentos a serem adotados pela organização para a obtenção da certificação ISO.

Veja a seguir um processo simples para obtenção dessa certificação:

1º Adquira as normas NBR ISO 9000:2000, NBR ISO 9001:2000 e NBR ISO 9004:2000.

2º Siga as orientações indicadas no guia de aplicação da norma ISO 9000 - Parte 1.

3º Estude as normas e verifique se existe algum requisito que não se aplica ao negócio exercido pela sua empresa.

4º Acompanhe os itens da norma para estabelecer, programar ou melhorar o Sistema da Qualidade da sua empresa.

5º Avalie internamente o Sistema da Qualidade e faça uma análise crítica pela administração para verificar o estado do Sistema da Qualidade implementado ou em implementação.

6º Quando a norma ISO 9000:2000 já estiver em vigor e o Sistema da Qualidade implementado, entre em contato com o Organismo Certificador.

6.4 Princípios da Qualidade Total

Como vimos anteriormente, a qualidade é um conceito subjetivo que está relacionado diretamente às percepções de cada ser humano. Muitos fatores, como cultura, crenças, tipo de produto ou serviço prestado, decepções sociais, necessidades e expectativas do cliente, influenciam diretamente o sentido de qualidade. Por exemplo, um determinado produto pode ser perfeito para alguns clientes, porém, para outros, que foram mal atendidos por ocasião da compra, pode ser péssimo.

Atingir a qualidade total é um dos principais objetivos de uma organização que queira se destacar nesse mercado altamente competitivo.

Alguns estudiosos do assunto, entre eles William Edward Deming, Joseph Juran, Phillip Crosby, Armand Feigenbaum e Kaoru Ishikawa, desenvolveram metodologias próprias em relação à implantação de programas da qualidade nas organizações.

Pela familiaridade dessas metodologias, podemos agrupá-las em Dez Princípios de Qualidade Total, que são: Planejamento da Qualidade, Satisfação Total dos Clientes, Gerência Participativa, Desenvolvimento dos Recursos Humanos, Constância de Propósitos, Aperfeiçoamento Contínuo, Gerenciamento de Processos, Disseminação das Informações, Garantia da Qualidade e Desempenho Zero Defeito.

Amplie seus conhecimentos

A gestão da qualidade total (em inglês "Total Quality Management" ou "TQM") é uma aliada da administração, e tem como intuito conscientizar o conceito de qualidade a todos os processos organizacionais.

Desenvolvida por consultores empresariais norte-americanos, com o objetivo de atender também aos fornecedores, distribuidores e parceiros de negócios.

Mais informações podem ser obtidas no site: http://www.ead.fea.usp.br/cad-pesq/arquivos/c02-art04.pdf

6.4.1 Planejamento da Qualidade

Conforme Juran (1988), o planejamento da qualidade é importantíssimo para delinear um guia da qualidade, pois prepara a empresa para alcançar as metas de qualidade tão almejadas. São elementos desse planejamento:

a) Identificar os clientes internos e externos e conhecer suas exigências.

b) Desenvolver o produto ou serviço conforme essas exigências.

c) Identificar os processos que tenham impacto sobre a qualidade.

d) Estabelecer metas de qualidade.

e) Garantir a capacidade do processo para alcançar essas metas em condições normais de funcionamento.

Wikimedia Commons/Dermeister

Figura 6.3 - Símbolo do Seis Sigma, conjunto de práticas que têm como finalidade a melhoria da qualidade: reduzindo desperdícios e a produzir de uma forma melhor.

6.4.2 Satisfação total do cliente

A satisfação total do cliente é o ponto principal da gestão de qualidade, pois os clientes são a razão da existência de qualquer empresa. Portanto, o primeiro passo da qualidade é conhecer as necessidades dos clientes e entender como eles avaliam seus produtos.

Deve-se transformar essa avaliação em indicadores reais, de modo a permitir a mensuração do grau de satisfação dos clientes a tal ponto que a organização consiga estabelecer um processo sistemático e regular, de mútuo aprendizado, com seus clientes, procurando antever suas necessidades, antecipar seus desejos e superar suas expectativas.

Fique de olho!

As reclamações, sugestões e o elogio dos clientes devem ser apoiados a todo custo pela organização, pois são as fontes de inspiração e solução para grandes projetos da empresa e para atingir a qualidade total.

6.4.3 Gestão participativa

A gestão participativa representa, na prática, o trabalho em equipe, em que todos (chefes, subordinados, gerentes, clientes, fornecedores etc.) desempenham suas funções no mais elevado grau de companheirismo e honestidade.

Conforme esta concepção, as novas ideias devem ser estimuladas e a criatividade aproveitada ao máximo para a resolução dos problemas que vierem a surgir. É preciso valorizar o potencial de cada colaborador. O medo deve ser eliminado, e os vários níveis gerenciais devem adotar a atitude de ouvir permanentemente o que pensam seus subordinados.

Fique de olho!

É extremamente necessário que os gerentes adotem atitudes de liderança e transparência com seus colaboradores e criem uma cultura de participação e repasse de informações, para que haja um nivelamento de informações entre todo o corpo funcional da empresa.

6.4.4 Desenvolvimento dos Recursos Humanos

Esse princípio tem como máxima relevância a constante valorização dos funcionários, sempre enfocando seu crescimento pessoal, profissional e a plena realização como peças fundamentais na obtenção da qualidade total. A empresa deve proporcionar aos seus colaboradores cursos de aperfeiçoamento e reciclagens, treinamentos e palestras motivacionais, oportunidades de crescimento e, acima de tudo, estar sempre aberta ao diálogo.

A organização deve afastar o medo dos seus empregados. Eles não podem ter medo de fazer perguntas, apresentar sugestões, testar alterações, questionar processos; do contrário, jamais mudarão a forma de trabalhar. Eles precisam sentir-se seguros em suas atribuições, viver num clima de confiança e abertura ao diálogo, orgulhar-se do trabalho que fazem e da qualidade de suas atribuições.

6.4.5 Constância de propósitos

A constância de propósitos é outro princípio de extrema relevância para a gestão de qualidade, pois destaca a definição de propósitos por meio de um processo de planejamento estratégico participativo, integrado e baseado na análise de dados íntegros e abrangentes. Também determina, sem sombra de dúvidas, o comprometimento, a confiança, o alinhamento e a convergência de ações dentro da organização como um todo.

Cabe observar que o engajamento da alta direção, definindo e inovando a política de qualidade e os seus objetivos, assegurando que a política e seu engajamento sejam entendidos e mantidos em todos os níveis da organização, é essencial para o sucesso empresarial.

6.4.6 Aperfeiçoamento contínuo

Atualmente é natural a inovação tecnológica no ambiente organizacional. Todos os dias novas leis e regulamentos são elaborados para garantir a qualidade dos produtos e serviços adquiridos pelos consumidores. Com isso, a atualização profissional torna-se cada vez mais obrigatória, pois uma empresa que não se atualiza corre o risco de trabalhar à margem do que é legal, ou seja, contrária as leis.

Em virtude disso, é imprescindível implantar uma cultura de mudança, comprometida com o aperfeiçoamento contínuo, eliminando atitudes de paternalismo, acomodação e passividade dentro do ambiente organizacional. Deve-se primar sempre pela busca contínua da melhoria do produto e dos serviços prestados.

6.4.7 Gerenciamento de processos

Esse princípio tem como pressuposto básico a permanência do controle de todo o processo que envolve a gestão de qualidade na empresa.

A empresa deve ser entendida como um sistema aberto, que tem como finalidade básica atender às necessidades dos seus clientes e usuários por meio da produção de bens e serviços, gerados a partir de insumos recebidos de seus fornecedores e manufaturados ou transformados usando seus recursos e tecnologia.

Para gerenciar esse processo, deve-se aplicar constantemente o ciclo denominado PDCA (*Plan*, *Do*, *Check* e *Act*), que significa Planejar, Executar, Verificar e Atuar de forma corretiva. Assim como para o aperfeiçoamento contínuo, aqui também é indispensável a criação de um modelo de indicadores que mensurem aspectos relativos à produtividade (eficiência) e à qualidade (eficácia), para que se possa acompanhar, controlar e avaliar cada um dos subprocessos.

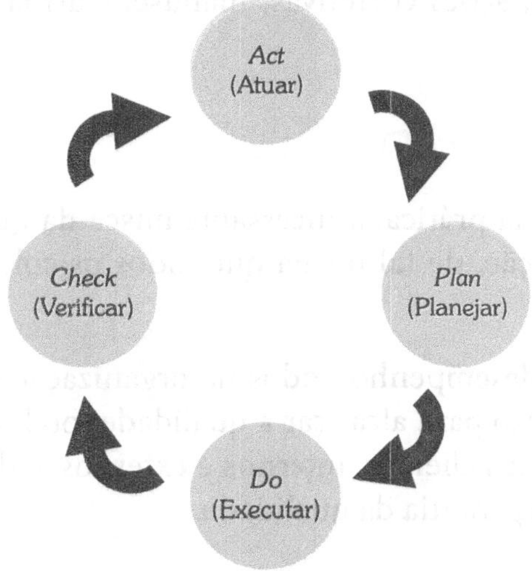

Figura 6.4 - Representação do ciclo PDCA.

6.4.8 Disseminação das informações

Como visto anteriormente, todos os princípios da qualidade total têm como pré-requisito básico um fluxo de informações, no mínimo, funcional, adequado e eficaz. Todos os funcionários devem assimilar o negócio, a missão, os grandes propósitos e planos empresariais.

Pelo princípio da disseminação das informações, a organização deve manter um canal aberto de comunicação com seus clientes, levantando expectativas e necessidades, firmando sua imagem com a divulgação de seus principais objetivos, produtos e serviços. Um exemplo clássico disso é o Serviço de Atendimento ao Cliente (SAC).

Fique de olho!

Esse processo de comunicação deve pautar-se pelos quesitos de agilidade, seletividade e integridade, propiciando, ao máximo, total transparência da organização diante dos funcionários, clientes, fornecedores e da sociedade.

6.4.9 Garantia da qualidade

O princípio da garantia de qualidade, além de ser o mais conhecido, também é o mais formal, pois trata do estabelecimento de normas e procedimentos pela empresa, os quais formam um sistema documentado passível de certificação pela análise comparativa com normas internacionais, como as da ISO 9000. Por exemplo, as normas de garantia de qualidade servem de base para definir cláusulas contratuais entre clientes e fornecedores.

A certificação assegura que o fornecedor tem pleno controle do processo e pode repetir aquilo que foi feito quantas vezes quiser. Logo, a formalização dos processos deve assegurar a rastreabilidade e a disponibilidade de produtos e serviços.

A garantia da qualidade deve prever também o controle de projetos e da documentação, o uso de técnicas estatísticas, a formalização com relação aos fornecedores, inspeções, testes de produtos, controle das não conformidades, ações corretivas, manuseio, armazenagem, embalagem, distribuição e auditorias internas.

6.4.10 Desempenho Zero Defeito

Esse princípio representa, na prática, a incessante busca da qualidade perfeita dos produtos e serviços prestados pela organização, de tal forma que todos os colaboradores busquem a perfeição em suas atribuições.

Para atingir tão almejado desempenho, todos na organização devem ter a clara noção do que é estabelecido como certo e preciso para alcançar a qualidade total. Isso se dá a partir das definições estabelecidas entre a empresa e seus clientes, internos e externos, e da consequente formalização dos processos dentro do princípio da garantia da qualidade.

6.5 Principais ferramentas da qualidade

Atualmente as empresas dispõem de diversos instrumentos de auxílio para atingir a qualidade total perante a sociedade. Um deles consiste nas ferramentas da qualidade que, com suas técnicas, possibilitam manter um padrão de qualidade alcançado com muito custo pela organização.

Essas ferramentas auxiliam todos os colaboradores envolvidos com a gestão de qualidade na empresa, de tal forma que a empresa possa atuar diretamente no ponto falho, ou seja, no que pode prejudicá-la perante os organismos de certificação.

São exemplos de ferramentas de controle da qualidade:

- Folha de verificação;
- Diagrama de Pareto;
- Diagrama de causa e efeito;
- Histograma;
- Diagrama de dispersão;
- Fluxograma;
- Gráfico de controle;
- *Brainstorming.*

As ferramentas da qualidade exercem um papel de extrema relevância para a organização, pois a maioria dos problemas existentes numa empresa pode ser resolvida com o auxílio desse valioso recurso.

É interessante observar que cada ferramenta tem utilização própria. Não existe uma receita adequada para saber qual a ferramenta mais indicada para cada fase; isso depende do problema a ser solucionado, das informações obtidas nas auditorias, dos dados históricos disponíveis e, principalmente, do conhecimento do processo em cada etapa.

Vejamos a seguir um resumo de cada ferramenta, bem como o seu significado e sua finalidade para a gestão de qualidade.

6.5.1 Folha de verificação

A folha de verificação é um formulário planejado no qual os dados coletados são preenchidos de forma fácil e concisa. Nela registram-se os dados dos itens a serem analisados, permitindo uma rápida percepção da realidade, bem como uma imediata interpretação da situação, ajudando a diminuir os erros e as confusões.

As folhas de verificação podem apresentar-se de várias formas, para:

- distribuição do processo de produção;
- verificação de itens defeituosos;
- localização de defeitos;
- causas de defeitos;
- auditorias técnicas.

6.5.2 Diagrama de Pareto

Também conhecido como gráfico de Pareto, é uma das ferramentas da qualidade mais eficientes para encontrar problemas no ambiente organizacional.

Essa valiosa ferramenta identifica, de forma simples, as causas do problema conforme a natureza e o comportamento humano, sendo excelente para focalizar esforços pessoais em problemas, com uma melhor garantia de retorno.

6.5.3 Diagrama de causa e efeito

Também chamado de diagrama espinha de peixe ou diagrama de Ishikawa, é uma representação gráfica que permite a organização das informações e a identificação das possíveis causas de um determinado problema ou efeito.

Apesar de esse diagrama não identificar as causas do problema, ele mostra as causas principais de uma ação, as quais dirigem-se para as subcausas, levando assim ao resultado final.

6.5.4 Diagrama de dispersão

Os diagramas de dispersão são gráficos cartesianos que permitem a identificação de causas e efeitos, para avaliar o relacionamento entre variáveis.

Ele é a próxima etapa após realizar o diagrama de causa e efeito, pois assim é possível verificar se há relação entre as causas e os efeitos e com qual intensidade.

Por exemplo, podemos utilizar o diagrama de dispersão para visualizar uma variável com outra e o que acontece se uma delas se alterar; ou para verificar se as duas variáveis estão relacionadas, ou se há uma possível relação de causa e efeito entre elas.

6.5.5 Histograma

Em 1833, Guerry desenvolveu o histograma com a finalidade de fazer sua análise de dados sobre crimes. Desde então ele tem sido aplicado para descrever os dados nas mais diversas áreas, principalmente na gestão de qualidade.

Os histogramas são gráficos de barras que mostram a variação sobre uma faixa específica. Eles possibilitam conhecer as características de um processo ou lote de produto e uma visão geral da variação de um conjunto de dados obtidos.

6.5.6 Fluxograma

É um resumo ilustrativo do fluxo das várias operações de um determinado processo. Ele documenta um processo, mostrando todas as suas etapas, do começo ao fim.

O fluxograma é uma ferramenta essencial para o planejamento (elaboração do processo) e o aperfeiçoamento (análise, crítica e alterações) do processo. Ele facilita a visualização das diversas etapas que compõem um determinado processo, permitindo identificar aqueles pontos que merecem atenção especial por parte da equipe de melhoria.

Ele é formado por três etapas básicas:

» Início (entrada): assunto a ser tratado no planejamento, é o começo de tudo.

» Processo: consiste na determinação e interligação das etapas que englobam o assunto, ou seja, são todas as operações que compõem o processo.

» Fim (saída): fim do processo, quando não existem mais ações a serem consideradas.

6.5.7 Gráfico de controle

Os gráficos de controle são excelentes para informar, em determinado período, como o processo está se comportando, se ele está dentro dos limites preestabelecidos, sinalizando assim a necessidade de encontrar a causa da variação, mas não sua eliminação.

Basicamente, são gráficos para examinar se o processo está ou não sob controle, pois eles sintetizam um amplo conjunto de dados, usando métodos estatísticos para observar as mudanças dentro do processo, com base em dados de amostragem.

6.5.8 *Brainstorming*

O *brainstorming*, em resumo, é um conjunto de ideias ou sugestões criado pelos membros da equipe, o qual permite avanços na busca de soluções durante determinada situação problema.

É uma das ferramentas da qualidade mais utilizadas em dinâmicas de grupo devido à sua interessante forma de abordagem nas soluções de conflitos e problemas.

A filosofia básica do *brainstorming* é deixar vir à tona todas as ideias possíveis, sem críticas durante a sua exposição. Seu objetivo inicial é obter o maior número possível de sugestões, dicas e conselhos para posteriormente haver o julgamento pelo grupo.

Figura 6.5 - O brainstorming, ou "tempestade de ideias", é muito utilizado nas empresas atualmente para o desenvolvimento de novos produtos.

Ele não determina uma única solução, mas propõe muitas outras. Um grupo de pessoas expõe um tema, e pela livre associação de pensamentos começam a surgir ideias associadas ao tema em questão. No final, todos tentam considerar a solução mais coerente para o momento.

Vamos recapitular?

Aprendemos neste capítulo um dos temas mais relevantes do ambiente organizacional, a gestão de qualidade. Explicamos a evolução do conceito de qualidade, tipos de gerência, princípios da qualidade total, NBR série ISO 9000, sistemas de garantia de qualidade, ferramentas e muito mais.

Entendemos que a gestão de qualidade é uma oportunidade de investimento que a organização possui para se adequar a um mercado de consumo cada vez mais competitivo, em que a qualidade de um produto, a excelência na prestação dos serviços e a constante valorização dos clientes são diferenciais qualitativos muito bem vistos pela sociedade consumidora.

Ela tem como pontos básicos a atenção às necessidades dos clientes, o trabalho em equipe, decisões baseadas em fatos e dados, a busca contínua de soluções aos problemas e reduções de erros, constante melhoria de seus produtos e serviços, respeito e perfeição na relação com seus clientes e colaboradores etc.

São exemplos de ferramentas de controle da qualidade: folha de verificação; diagrama de Pareto; diagrama de causa e efeito; histograma; diagrama de dispersão; fluxograma; gráfico de controle; *brainstorming*.

Agora é com você!

1) Qual o conceito de gestão participativa?

2) Em sua opinião, por que a gestão de qualidade é tão importante nas organizações?

3) Qual a finalidade do fluxograma?

4) Como você incentivaria os colaboradores de uma organização a buscarem o desempenho zero defeito?

5) Cite a finalidade do princípio de desenvolvimento dos recursos humanos.

ARAGUAIA, M. Evolução. In: BRASIL ESCOLA. Biologia Evolutiva. Disponível em: http://www.brasilescola.com/biologia/evolucao.html (acesso em maio de 2012).

BALLESTERO; ALVAREZ, M. E. **Administração da qualidade e da produtividade.** São Paulo: Atlas, 2001.

BARSANO, P. R.; BARBOSA, R. P. **Meio ambiente:** *guia prático e didático.* São Paulo: Érica, 2012.

BRASIL. M.T.E. Segurança e Medicina do Trabalho. **Legislação/Normas Regulamentadoras. NR-4.** Serviço Especializado em Engenharia de Segurança e Medicina do Trabalho (SESMT). Disponível em: http://www.mte.gov.br (acesso em maio de 2012).

BRASIL. M.T.E. Segurança e Medicina do Trabalho. **Legislação/Normas Regulamentadoras. NR-5.** Comissão Interna de Prevenção de Acidentes (CIPA). Disponível em: http://www.mte.gov.br (acesso em maio de 2012).

BRASIL. M.T.E. Segurança e Medicina do Trabalho. **Legislação/Normas Regulamentadoras. NR-6.** Equipamento de Proteção Individual (EPI). Disponível em: http://www.mte.gov.br (acesso em maio de 2012).

BRASIL. M.T.E. Segurança e Medicina do Trabalho. **Legislação/Normas Regulamentadoras. NR-7.** Programa de Controle Médico e Saúde Ocupacional (PCMSO). Disponível em: http://www.mte.gov.br (acesso em maio de 2012).

BRASIL. M.T.E. Segurança e Medicina do Trabalho. **Legislação/Normas Regulamentadoras. NR-9.** Programa de Prevenção de Riscos Ambientais (PPRA). Disponível em: http://www.mte.gov.br (acesso em maio de 2012).

BRASIL. M.T.E. Segurança e Medicina do Trabalho. **Legislação/Normas Regulamentadoras. NR-10.** Segurança em Instalações e Serviços em Eletricidade. Disponível em: http://www.mte.gov.br (acesso em junho de 2012).

BRASIL. M.T.E. Segurança e Medicina do Trabalho. **Legislação/Normas Regulamentadoras. NR-17.** Ergonomia. Disponível em: http://www.mte.gov.br (acesso em junho de 2012).

BRASIL. M.T.E. Segurança e Medicina do Trabalho. **Legislação/Normas Regulamentadoras. NR-23.** Proteção contra Incêndios. Disponível em: http://www.mte.gov.br (acesso em maio de 2012).

BRASIL, SHELL S/A. **O desafio da qualidade.** São Paulo: Publicação da empresa, 1993.

CASTRO, C. (org.); BOAS F. **Antropologia cultural.** Jorge Zahar, 2. Ed., 2005.

DEMING, W. E. **Qualidade:** *a revolução da administração.* São Paulo: Ed. Marques Saraiva.

FAILDE, I. **Manual do facilitador para dinâmicas de grupo.** São Paulo: Papirus, 2007.

FAVARETO, J.A.; MERCADANTE, C. **Biologia.** São Paulo: Moderna, 2005.

GARVIN, D. **Competing on the eight dimensions of quality.** Harvard Business Review, 1987.

GARVIN, D. **Managing quality.** New York: The Free Press, 1988.

GERTZ, C. **A interpretação das culturas.** Rio de Janeiro: LTC, 1989.

GOMES, M.P. **Antropologia:** *ciência do homem, filosofando da cultura.* São Paulo: Contexto, 2009.

GOODENOUGH, W. H. **Cultural anthropology and linguistics.** GARVIN, P. (ed.) Report of the Seventh Annual Round Table Meeting on Linguistics and Language Study. Washington: Georgetown University, 1957.

HOUAISS, A. **Dicionário Houaiss da Língua Portuguesa.** Rio de Janeiro: Objetiva, 2001.

JURAN, J. **Juran on planning for quality.** New York: The Free Press, 1988.

JURAN, J. **Quality control handbook.** New York: McGraw-Hill, 1951.

KATZ, D.; KAHN, R.L. **Psicologia social das organizações.** São Paulo: Atlas, 1978.

LARAIA, R. de B. **Cultura:** *um conceito antropológico.* Rio de Janeiro: Jorge Zahar, 2006.

Legislação Previdenciária. Disponível em: http://www.previdencia.gov.br/ (acesso em junho de 2012).

Legislação Trabalhista. Disponível em: http://www.mte.gov.br (acesso em junho de 2012).LIBRARY ASSOCIATION. **Information quality and liability.** London: Library Association, 1994.

PADIM, D. C. **Ética e cidadania:** *ética no mundo de hoje.* São Paulo: Edições Paulinas, 1985.

REIS, L. F. S. R.; MAÑAS, A.V. **ISO 9000, um caminho para a qualidade total.** São Paulo: Érica, 1994.

ROCHA, E. **O que é etnocentrismo.** São Paulo: Brasiliense, 1998.

SANTOS, J. L. **O que é cultura.** São Paulo: Brasiliense, 1983.

SARAIVA, R. **Direito do trabalho para concursos públicos.** 9. Ed. São Paulo: Método, 2008.

TAKASHINA, N. T.; FLORES, M. C. **Indicadores da qualidade e do desempenho.** Rio de Janeiro: Qualitymark, 1997.

Sites

Comentários sobre ética e cidadania. Disponível em: http://portal.mj.gov.br/sedh/ct/legis_intern/ddh_bib_inter_universal.htm (acesso em maio de 2012).

Comentários sobre tratamento de efluentes. Disponível em: http://www.cetesb.sp.gov.br/ (acesso em maio de 2012).

Comentários sobre uso racional da água. Disponível em: http://www.sabesp.com.br (acesso em maio de 2012).

Comentários sobre produção limpa. Disponível em: http://teclim.ufba.br/site/index.php (acesso em maio de 2012).

Comentários sobre tratamento de efluentes. Disponível em: http://www.kurita.com.br/adm/download/Etapas_do_Tratamento_de_Efluentes.pdf (acesso em maio de 2012).

Comentários sobre comunicação verbal. Disponível em:

http://www.infoescola.com/comunicacao/comunicacao-verbal;
http://www.salves.com.br/virtua/comverbn-verb.html;
http://www.artigonal.com/relacionamentos-artigos/comunicacao-verbal-987315.html;
http://www.apagina.pt/ (acessos em junho de 2012).

Comentários sobre homem e cultura. Disponível em:

http://pre-historia.info/Homem_Primitivo/;

http://www.brasilescola.com/historiag/criacionismo.htm;

http://www.infoescola.com/filosofia/criacionismo/;

http://www.notapositiva.com/trab_estudantes/trab_estudantes/filosofia/filosofia_trabalhos/criacionismo.htm;

http://educacao.uol.com.br/ciencias/evolucionismo-selecao-natural-e-a-ideia-central-do-darwinismo.jhtm;

http://www.infopedia.pt/evolucionismo (acessos em junho de 2012).

Comentários sobre gestão de qualidade. Disponível em:

http://www.apbad.pt/CadernosBAD/Caderno22004/GomesBAD204.pdf;

http://www.esac.pt/noronha/G.Q/2005/apresenta/gqt.pdf;

http://professorbarcante.files.wordpress.com/2009/05/capitulo1.pdf;

http://www.fae.edu/publicacoes/pdf/empresarial/5.pdf;

http://gestaopelaqualidade.forumeiros.com/t32-resumo-sgq-sistema-de-gestao-da-qualidade;

http://www.qualidade.adm.br/uploads/qualidade/ferramentas.pdf (acessos em junho de 2012).

Comentários sobre ética e cidadania. Disponível em: http://portal.mj.gov.br/sedh/ct/legis_intern/ddh_bib_inter_universal.htm (acesso em maio de 2012).

Comentários sobre tratamento de efluentes. Disponível em: http://www.cetesb.sp.gov.br/ (acesso em maio de 2012).

Comentários sobre uso racional da água. Disponível em: http://www.sabesp.com.br (acesso em maio de 2012).

Comentários sobre [illegible]. Disponível em: http://[illegible].php, (acesso em maio de 2012).

Comentários sobre tratamento de efluentes. Disponível em: http://www.[illegible].com.br/[illegible]/Etapas_do_Tratamento_de_Efluentes.pdf (acesso em maio de 2012).

Comentários sobre conscientização ecológica. Disponível em:

http://[illegible]

http://[illegible]

http://[illegible]

[illegible]

Comentários sobre [illegible]. Disponível em:

http://[illegible]

http://[illegible]

http://[illegible]

http://[illegible]

http://[illegible]

http://www.wikipedia.org/[illegible] (acesso em junho de 2012)

Comentários sobre gestão de qualidade. Disponível em:

http://www.[illegible].pdf

http://www.[illegible].pdf

http://professorbarrento.files.wordpress.com/2009/05/capitulo-[illegible]

http://www.[illegible].pdf

http://gestaopelaqualidade.forumeiros.com/t32-o-sumo-sgq-sistema-de-gestao-da-qualidade;

http://www.qualidade.adm.br/uploads/qualidade/ferramentas.pdf (acesso em junho de 2012).

Glossário

A

Australopithecus: ser bípede do período Paleolítico com postura ereta que tinha as mãos livres para usar objetos e utensílios coletados da natureza.

Antropologia: ciência voltada para o estudo do homem.

Absenteísmo: termo usado para designar as ausências dos trabalhadores no expediente de trabalho por falta ou atraso (justificados ou não).

Alteridade: princípio do direito do trabalho pelo qual o empregado não assume os riscos da atividade econômica que exercer; quem responde em caso de prejuízo é a empresa.

Aeração: processo de tratamento pelo qual a área de contato entre a água e o ar é aumentada, de modo a facilitar o intercâmbio ou a troca de gases e substâncias voláteis entre a água e o ar.

Auditoria do sistema de gestão ambiental: processo sistemático e documentado de verificação para avaliar evidências que determinem se o sistema de gestão ambiental de uma organização está em conformidade.

Asbestose: doença ocupacional de origem respiratória. A longa exposição ocupacional do trabalhador, sem proteção adequada, ao amianto ou asbesto (em pequenas partículas em forma de fibra) causa naquele uma fibrose pulmonar intensa e muito grave.

Aluminiose: doença ocupacional que acomete os trabalhadores expostos, durante alguns anos, sem nenhuma proteção adequada, ao alumínio (Al).

B

Bissinose: doença ocupacional que acomete os trabalhadores expostos, durante alguns anos, sem nenhuma proteção adequada, às fibras de algodão.

C

Criacionismo: teoria que explica a criação do Universo e da Humanidade a partir de uma vontade divina (Deus), profetizada no Livro de Gênesis, primeiro volume do Velho Testamento da Bíblia Cristã.

D

Desarenação: remoção da areia por sedimentação.

Desenvolvimento sustentável: capaz de suprir as necessidades da geração atual sem comprometer as necessidades das gerações futuras.

Desertificação: processo de destruição do potencial produtivo da terra nas regiões de clima árido, semiárido e subúmido seco.

Desempenho ambiental: são os resultados mensuráveis do sistema de gestão ambiental, relativos ao controle, seus objetivos e metas ambientais.

Dióxido de carbono: gás atmosférico com um átomo de carbono e dois de oxigênio.

E

Ecossistema: conjunto de todas as relações entre fauna, flora e o meio ambiente de determinada região.

Efeito estufa: processo que ocorre quando uma parte da radiação infravermelha emitida pela superfície terrestre é absorvida por determinados gases presentes na atmosfera.

Elaioconiose: doença ocupacional que acomete os trabalhadores expostos, sem nenhuma proteção adequada, a óleos e graxas.

Escopo: finalidade; alvo; intento; propósito.

Estanose: doença ocupacional que acomete os trabalhadores expostos, durante alguns anos, sem nenhuma proteção adequada, ao estanho.

Evolucionismo: teoria que admite a transformação progressiva das espécies, bem como a adaptação dos seres vivos ao ambiente a partir de uma evolução natural.

F

Floculação: processo que consiste basicamente na adição de produtos químicos que promovem a aglutinação e o agrupamento das partículas a serem removidas, tornando o seu peso maior que o da água, facilitando a decantação.

G

Gestão ambiental: administração do exercício de atividades econômicas e sociais de forma a utilizar de maneira racional os recursos naturais, renováveis ou não.

Gradeamento: remoção de sólidos grosseiros, em que o material de dimensões maiores do que o espaçamento entre as barras fica retido.

Greenpeace: organização não governamental com sede em Amsterdã, e que efetua militância ecológica no mundo todo.

H

Hidrargirismo: doença ocupacional que acomete os trabalhadores expostos, sem nenhuma proteção adequada, ao mercúrio.

Homo Habilis: primitivos que começaram a habitar o planeta há aproximadamente dois milhões de anos. Eram semelhantes ao homem atual. Fabricavam machados de mão e cavavam a terra em busca de raízes.

Homo Erectus: espécie que surgiu por volta de 1,5 milhão de anos atrás. Eles viviam em grupos, moravam em cavernas e utilizavam armas e utensílios de madeira e ossos.

Homem de Neanderthal: primeiro ramo da espécie dos *Homo Sapiens*. Recebeu esse nome por ter sido encontrado no lago Neander, na Alemanha, há cerca de cem mil anos.

Homem de Cro-Magnon: espécie que pertencia ao segundo ramo da espécie dos *Homo Sapiens*. Eles surgiram há aproximadamente 70 mil anos e eram capazes de criar diversos instrumentos e armas com pedra e ossos.

Homo Sapiens Sapiens: é uma das espécies mais recentes. Eles surgiram aproximadamente há 12 mil anos. A espécie é caracterizada por aspectos físicos modernos, começa a ter uma vida mais sedentária e passa a abandonar a coleta para a produção dos alimentos.

Honorários: remuneração percebida pelos profissionais liberais.

I

Ícone: representação pictoresca do objeto, ou seja, o ícone representa o que representa. As imagens em geral são ícones.

Ilhas de calor: diferença de temperatura nos vários pontos ou locais da cidade, em que a temperatura é sempre mais elevada no centro das cidades do que nos bairros e na periferia.

Impacto ambiental: alteração no meio ambiente ou em algum de seus componentes por determinada ação ou atividade humana.

Índice: são todas as sugestões ou indícios de uma determinada causa. O índice representa algo que não está presente, porém essa representação decorre de uma relação de causalidade.

Índice de sustentabilidade: indicador de avaliação de empresas ambientalmente e economicamente sustentáveis.

Inversão térmica: fenômeno climático que ocorre principalmente nos grandes centros urbanos, regiões onde o nível de poluição é muito elevado

ISO 14000: série de normas desenvolvidas pela International Organization for Standardization (ISO) e que estabelecem diretrizes sobre a área de gestão ambiental dentro de empresas.

O

Organização: companhia, corporação, firma, empresa ou instituição, ou parte ou combinação destas, pública ou privada, sociedade anônima, limitada ou com outra forma estatutária, com funções e estrutura administrativa próprias.

P

PROCON: a Fundação de Proteção e Defesa do Consumidor, **entidade pública pioneira na defesa do consumidor do Brasil.**

Protocolo Verde: carta de princípios para o desenvolvimento sustentável firmada por bancos oficiais em 1995.

Pulmão negro: doença ocupacional que acomete os trabalhadores expostos, durante alguns anos, sem nenhuma proteção adequada, ao minério de carvão.

R

Responsabilidade social: a forma de gestão que se define pela relação ética e transparente da empresa com todos os públicos com os quais ela se relaciona.

S

Sanções: atos de governo para aprovar leis, decretos e regulamentos, bem como para aplicar penalidades.

Saturnismo: doença ocupacional que acomete os trabalhadores expostos, sem nenhuma proteção adequada, ao chumbo.

Siderose: doença ocupacional que acomete os trabalhadores expostos, durante alguns anos, sem nenhuma proteção adequada, ao ferro (Fe).

Silicose: doença ocupacional ocasionada pela longa exposição do trabalhador, sem proteção adequada, a poeiras de sílica, livre e cristalina, em pequenas partículas geradas em processos industriais, como em jateamento de areia, em lixamento de peças de cerâmica, na britagem etc.

Símbolo: determinados códigos, placas, objetos, ações ou pinturas que representam conceitos, conjunto de ideias, normas, regras, atitudes etc.

Sistema de gestão ambiental: parte do sistema de gestão global que inclui atividades de planejamento, responsabilidades, práticas, procedimentos, processos e recursos para desenvolver, implementar, atingir, analisar criticamente e manter a política ambiental.